黑天鵝經營學

顛覆常識，破解商業世界的異常成功個案

ブラックスワンの経営学
通説をくつがえした世界最優秀ケーススタディ

井上達彦（Tatsuhiko INOUE）｜著　梁世英｜譯

經營管理 137

黑天鵝經營學：
顛覆常識，破解商業世界的異常成功個案
（原書名：《深度思考的力量》）

作　　　者	井上達彥（Tatsuhiko INOUE）
譯　　　者	梁世英
責 任 編 輯	文及元
行 銷 業 務	劉順眾、顏宏紋、李君宜

總　編　輯　林博華
發　行　人　涂玉雲
出　　　版　經濟新潮社
　　　　　　104台北市中山區民生東路二段141號5樓
　　　　　　電話：（02）2500-7696　傳真：（02）2500-1955
　　　　　　經濟新潮社部落格：http://ecocite.pixnet.net
發　　　行　英屬蓋曼群島商家庭傳媒股份有限公司城邦分公司
　　　　　　104台北市中山區民生東路二段141號11樓
　　　　　　客服服務專線：02-25007718；25007719
　　　　　　24小時傳真專線：02-25001990；25001991
　　　　　　服務時間：週一至週五上午09:30~12:00；下午13:30~17:00
　　　　　　劃撥帳號：19863813　戶名：書虫股份有限公司
　　　　　　讀者服務信箱：service@readingclub.com.tw
香港發行所　城邦（香港）出版集團有限公司
　　　　　　香港灣仔駱克道193號東超商業中心1樓
　　　　　　電話：852-25086231　傳真：852-25789337
　　　　　　E-mail: hkcite@biznetvigator.com
馬新發行所　城邦（馬新）出版集團Cite（M）Sdn. Bhd.（458372 U）
　　　　　　41, Jalan Radin Anum, Bandar Baru Sri Petaling,
　　　　　　57000 Kuala Lumpur, Malaysia.
　　　　　　電話：（603）90578822　傳真：（603）90576622
　　　　　　E-mail: cite@cite.com.my
印　　　刷　漾格科技股份有限公司
初 版 一 刷　2017年5月2日

城邦讀書花園
www.cite.com.tw

ISBN：978-986-94410-3-2

售價：420元

推薦序

一窺個案研究方法的奧秘

文／司徒達賢

　　本書作者井上達彥教授在本書中，藉著解析一系列高水準的學術論文，為讀者介紹在質性研究方法中極為重要的「個案研究方法」（case study）之內涵、價值、思維方式與進行研究的程序。

　　這些做為範例的學術論文，都是《美國管理學會期刊》（AMJ，*Academy of Management Journal*），歷年來以個案研究方法進行且被選為最佳論文的作品，極具代表性與啟發性。在本書作者設計之下，每一篇分別介紹若干項個案研究方法的重要觀念，並由淺入深地逐篇解說此一研究方法在運作上的技巧與各種獲致結論的推論過程。

　　本書所談的個案研究方法與商管學院中使用的「個案教學法」（case method）並不相同，個案研究方法是藉由深入分析實際現象找出過去未知的影響因素或因果關係；個案教學法則是利用現成的個案教材，在教師持續引導與啟發

下，以培養學生「聽說讀想」，以及活學活用現有知識的能
力。兩者不同卻有關聯，其間關係將在本文最後進一步說
明。

學術研究：量化與質性

　　許多學術領域中，學術研究的目的是在「尋找真理」。我個人認為在社會科學或至少在「企業管理」領域中，學術研究的目的未必需要如此崇高，從事研究的主要目的應該是希望充實我們解決實際問題的實用知識，包括與經營管理有關的各種人與事運作的道理、各種現象之間的因果關係、影響因素，以及影響各種因果關係方向與強度背後的原因。

　　在企業管理領域中（其他社會科學也應該差不多），研究方法大致可分為量化研究與質性研究。在論文發表數量方面，量化研究肯定是主流。

　　量化研究主要是以問卷調查、資料庫，甚至大數據為基礎，利用高深的數理統計方法來尋找變項與變項之間在統計上的關聯，並進而推論各種現象之間互動關係的「通則」。掌握大量數據資料且有能力運用高深的統計方法，是進行高水準量化研究的先決條件。量化研究有相對標準化的研究程序，完全「根據資料講話」，只要新增的變項合理且有若干統計上的解釋力，在學術期刊或學位考試的評審過程中就不易遭受太多挑剔，因此大部分學者自然比較偏好量化研究。

　　質性研究方法繁多，每一種方法的進行程序也未必標準化。歷史研究、文獻研究、現場觀察（如觀察消費行為或員工互動）都屬於質性研究。本書所介紹的個案研究方法，當

然也是其中十分重要的一項。在個案研究方法中，所謂個案是指在某些特定歷史個體或組織中發生的現象，研究者從多重個案的訪談、觀察與分析中進行比對與推論，有時也可以僅分析單一個案資料來獲致結論。

　　個案研究方法目的不在尋找「通則」，而主要是在研究「例外」。亦即是有些現象在常識中似乎不可能發生，但卻發生了，表示極可能存在著造成此一差異更深層的原因，這些因為「稀有」而值得深入研究的現象，本書作者稱之為黑天鵝現象，也是本書原文書名的由來（編按：本書日文原名『ブラックスワンの経営学』直譯為《黑天鵝管理學》）。個案研究方法經由訪問與觀察事件發生的過程，尋找產生此一例外結果，或造成差異的潛藏原因。由於此一潛藏原因通常並不存在於我們的常識或現有學理中，因此通常並未列在量化研究的問卷題目裡。易言之，無論樣本再大、抽樣方法再嚴謹、統計技巧再複雜，量化研究也不容易發現這些過去從未料到的影響因素。企管學理上的創新見解，主要都是來自質性研究的結果，應是意料中事。

　　簡言之，量化研究探討的是「誰（who）」「何時（when）」「何處（where）」，以及它們之間統計關聯性的緊密程度；而個案研究則聚焦於「為何（why）」與「如何（how）」，因此更有可能出現具有創意的洞見（insight）。

　　在帶領學術思想進步的過程中，個案研究方法的貢獻未必低於量化研究，但由於研究活動的重心在「運用創意的思考」，因此常被視為嚴謹性與客觀性不足，即使觀點創新，其相對受到的重視卻遠不如量化研究，因此本書作者將個案研究方法形容為「悲劇主角」，實在也是有感而發（編按：詳見第55頁）。

個案研究方法

本書開宗明義即指出了運用個案研究方法時,需要擁有的幾項統計學式研究未必需要具備的能力,包括:「活化人類智慧的思考力與觀察力」「處理複雜現象與解開因果關係的邏輯力」「即使前例不多,也能提出有效假設、想像未來的類推力」等。

觀察力與邏輯力

例如有一項假設是「企業合併後的管理措施會影響合併後的經營績效」,最單純的量化研究方法即是依學理或初步觀察結果設計問卷,並以問卷搜集許多企業合併案的「管理措施」,再加上財務報表上的績效指標,即可進行統計分析驗證此一假設,如果樣本夠大,還可以驗證在不同情境下(例如合併雙方的相對規模或過去績效),此一假設被接受程度的高低。

如果運用個案研究方法,做法即完全不同。研究者會認為在「管理措施」與「財務績效」之間,應該存在著一連串更細緻、更複雜的因果關係,因此需要針對少數具有代表性的企業合併案進行深入的個案研究,包括訪問許多相關人士及閱讀許多書面資料在內。

在探索這一連串的因果關係時,研究者必須從訪談過程

中，隨時注意那些可能影響這些因果關係的細部環節，並從對話中找出值得進一步追問的事實背景，以了解潛在因果關係的存在、作用以及形成影響的方式。能發現這些即是「觀察力」的表現。研究者個人的學理背景有助於觀察與訪談的深度，但又不能受到自己過去的觀念所局限，窄化了觀察或訪談的視野，此一拿捏是不容易的。

訪談過程中，「持續提問」則表現出研究者的「邏輯力」。「依據現有觀察結果形成有待驗證的假設」是大部分研究過程中的一項核心做法，而在個案研究方法中，除了澄清對方所談內容之外，有相當大比率是針對前一階段（可能只是幾分鐘以前）訪談結果所形成的「初步假設」，進行驗證的工作。

換言之，個案研究方法若欲進行得有效率、能持續提出問出擊中要點的問題，研究者就必須能夠分分秒秒在腦中進行「形成初步假設」「設法找出驗證假設所需要的關鍵資訊」「依據新獲得的資訊修正或推翻初步假設」的心智過程。個案研究的品質，與此一心智過程中所展現的邏輯力肯定息息相關。

提出有效假設與建構理論

在訪談中雖然可以隨時形成初步假設並設法驗證，但這些和最後的研究結論還有一大段距離。因為單一資訊來源未

必可靠,需要有多元觀點的確認;具敏感性的議題需要多方查證;有些不易言傳的因素必須現場觀察;訪問錄音轉成逐字稿以後經過再三審閱還能找到更多可能的假設,以及值得進一步探討與請教的問題。歸納出有說服力的初步結論以後,還需要找到更多的個案來比對,例如尋找脈絡背景相同的個案,看看這些結論或道理是否也成立;如果脈絡背景相同,前一個案所獲致的結論或道理卻未出現,則應進一步找出造成這些差異的更深層原因。

以上的心智過程其實與實務界的問題分析十分接近。但在學術研究上還需要更進一步嘗試進行「理論建構」的工作。

簡言之,理論建構即是將所發現的道理、因果關係及影響因素等,再加以抽象化與概念化,使其成為可以更廣泛應用的「通則」。

本書中所提到的「認知失調」「自制力」「組織慣性」「慣性弛緩」「慣性強化」與「資源僵固性」等,都是經由個案研究方法獲致的觀念。並由於它們的「通則化」與「概念化」,使其可以廣泛地應用在許多問題的理解與分析上,深化大家對許多現象的認識,也讓學術研究得以對實務產生更為具體的貢獻。

直至如今,不少人還誤認為「個案研究方法」只是在介紹或報導實務界發生的一些有趣且具有啟發性的故事,因而

十分在乎「真名發表」以滿足讀者了解更多「真相」的欲
望。事實上個案研究方法重視的是經由深入觀察與嚴謹的
邏輯推演，獲得超越常識的「道理」「觀念」或「因果關
係」。美國管理學會的個案研究，原則上都是匿名處理，也
不是在講述引人入勝的故事，因為其目的不在讓讀者了解更
多的「資訊」或「內情」，而是希望從具體現象中進行邏輯
推演而建構新的管理觀念與理論。

對實務的含意

本書作者認為,「思考」是個案研究方法的核心概念,我十分同意此一主張,而且從前文對「觀察力」「邏輯力」「提出假設」與「建構理論」這些內隱的能力與心智流程來看,個案研究方法對「想」的運用程度應比其他研究方法高得多,也密集得多。

思考的訓練對於學者、經營者或任何人都有其必要性,有了這方面的訓練,就比較容易針對問題,提出有意義的疑問,甚至問幾句就能形成有合理的假設,以提供進一步的驗證。像是有些提問者可以持續提出有意義而且「搔到癢處」的關鍵問題,有些人的提問則十分發散,提問的用意也很難捉摸,其間差別肯定與這些思考能力有關。

對實務界人士,雖然不必親自從事學術研究,但如果能熟悉個案研究方法的推理過程或這些管理觀念的產生過程,也會產生很大的幫助。事實上高水準的實務界人士,經常能夠從行動中驗證做法的合理性;針對行動結果,產生疑惑,從疑惑中構思假設,再從行動或調查中找到問題的原因與現階段的解答。換言之,即是可以從自己或別人的決策及結果中觀察、分析原因,並不斷進行實驗,這些與個案研究方的研究過程與所需要的能力都極為接近。

個案研究方法能力的培養

博士教育

學者基礎知能的養成主要在博士教育。如果博士生將來準備從事以個案研究方法來進行的學術研究，在博士班時最好能夠廣讀經典，並熟悉運用個案研究方法來進行的學術文獻，以培養深度的思考力與多元觀照的能力。在進行專案研究或論文寫作階段，則需要在教師指導下經由實務訪問與觀察來訓練其觀察力、邏輯力，以及從複雜現象與資訊中整理歸納出假設的能力。若有可能，也應讓他們試著從複雜的資料與現象中，「想出個道理」，做為未來理論建構能力的基礎。

如果博士生將來準備從事量化的學術研究，則應強化其數理統計方面的素養，並專注於某一特定主題的研究趨勢，甚至投入時間建立自己專屬的資料庫。這兩種博士的培訓方式是極為不同的。有些年輕人才氣過人，可以同時兼顧兩種不同知能的培養，當然不在此限。

有些學者年輕時十分善用量化研究的方法，當其人生閱歷到達某一階段以後，再來從事質性的個案研究，也是十分合理的演進。

從個案教學中學習

　　除了多參與或進行研究以累積經驗之外，在個案教學中以學生的角色學習，或以教師的身份主持個案討論，都是有助於提升以個案研究方法來進行學術研究的途徑，而且在訓練思考或提問、整合資料等方面，可能比真實的實地研究更合乎成本效益，其理由可以簡單歸納如下。

　　個案教學時使用的個案教材呈現出許多與實務十分接近的複雜現象。基於對個案教材熟悉，教師可以在上課時以抽絲剝繭的方式引導學生進行資料與現象的解讀、經由連結分散在各個段落的資料來進行推論與驗證，甚至從同學們多元而片斷的觀點中整合出對事實全貌的了解。這些對學生的「觀察力」「邏輯思考力」「形成觀點或形成假設的能力」，都會產生極為正面的強大作用。而做為主持個案討論的教師，這些能力也可以在主持過程中持續進步。

　　因此，「做為個案討論的學生」「主持個案討論」「撰寫有深度的教學用個案」，以及「以個案研究方法進行高品質的質性研究」幾件事之間，是密切關聯而且相輔相成的。

（本文作者為國立政治大學講座教授）

目錄

▌第一章　信徒為何力挺預言失準的教主

第二章　衰敗教會出乎意料的重生

先鋒個案／代表個案／異常個案／原型個案

察覺「異常」現象／找出檢視個案的最佳「透鏡」

第三章　報社轉型決策的扭曲現象

第四章　好萊塢如何發掘編劇人才

第五章　優異的醫療革新卻沒有普及的原因

兼具細膩性與靈活性／反覆推論

第六章　新創企業購併案的背叛

　　不依賴特定受訪者／融合過去與現在

第七章　有助於商業實務的個案研究

前言

　　當眼前出現原本認為「不可能發生」的事時，人們會驚慌失措、不知如何是好。而當瞭解到那個事實發生的背景或原因後，才深切檢討「原來還有這種事啊！」這時，人們心中肯定懊悔「千金難買早知道」。

　　豪華郵輪鐵達尼號沉沒，在當時正象徵一種「不可能發生」的事。鐵達尼號全長將近二百七十公尺，船底採雙層結構，船身下方隔成十六個水密艙，被稱為「不沉巨輪」，極為合理。倘若當初以有可能沉沒為前提去規劃這艘船，想必會搭載更多救生艇，也就能救起更多寶貴人命了。

　　鐵達尼號的沉沒原因，在事後當然有著滿像一回事的說明。不過，真實情況則難以考據。只不過，既然是艘船，沉沒絕對是一件「有可能」的事。

　　文藝評論家納西姆‧尼可拉斯‧塔雷伯（Nassim Nicholas Taleb），用黑天鵝比喻「不可能」的事[1]。因為對歐洲人而言，一直到他們遠赴澳洲大陸、在那裏發現黑色的天鵝以

1　Taleb, N. N., 2007, *The Black Swan: The Impact of the Highly Improbable*, Random House.（繁中版《黑天鵝效應》二〇一一年由大塊文化出版）

前，黑天鵝都是一種「不可能」的存在。

　　「怎麼可能？」當遇上認為不可能的事時，人們會不由自主在心裏吶喊出這四個字。可是只要冷靜思考，就會瞭解到那其實具有充分的可能性。人的學習水準，將因發現這件事而更加提高[2]。

　　我也曾有過喊出「不可能！」這三個字的經驗。一九九五年一月十七日凌晨五點四十六分、發生阪神大地震之際，我就這樣喊了出來。因為我一直認為：「關西怎麼可能發生地震？」

　　外頭出現閃光、地底下傳來有如爆炸般的聲音，接著，開始劇烈上下搖動時，我甚至還不覺得那是地震，以為是核子彈之類的東西爆炸了。關西發生的，正是如此超乎想像的阪神大地震。

　　我當然在地理課上過大地震的發生機制。位於太平洋海底的板塊被往下拉扯，累積的能量一旦回彈，就會造成地面搖動。但我所知道的地震，是一開始先左右晃動，然後慢慢愈搖愈厲害，最後再穩定下來，不是像這種「爆炸」般上下搖動的搖法。

　　之後我才知道，全日本到處都有所謂的「活動斷層」。

2　吉原英樹《笨蛋與原來如此》（暫譯，原名『「バカな」と「なるほど」：経営成功のキメ手！』，同文館，一九八八年；新版PHP研究所，二〇一四年。）

只要活動斷層發生錯動，就會引發垂直型地震。地震學家都知道這件事實，也確實好像有資料標示出活動斷層的危險度。可是，幾乎所有一般民眾卻不曉得。

專家們用事後諸葛的口吻，評述這件事：「如果早知道，說不定就能拯救許多人命啊。」聽到他們那些說法，我不禁這麼想。

不論是三一一日本東北大地震或是美國的九一一恐怖攻擊事件，都像阪神大地震一樣，人們再怎麼認為「不可能」或「超乎想像」，該發生時還是發生了。正因為如此，塔雷伯才要警告我們，要隨時意識著「黑天鵝」的存在。

有一部分的黑天鵝，純粹是因為「不確定性」或「隨機性」而產生，完全無法預測。只能事先抱著「可能發生」的心態，做好萬全的準備。

但是，世界上也有因為我們的「無知」而產生的黑天鵝。有些時候所謂的「不可能」，其實只是我們「還不知道」。可能以當時的知識水準還無法充分弄清楚，或者是雖然已經解謎了，但尚未廣為人知。

像是以前在學校裏，上體育課或打球等體育活動時，大家都認為在運動過程中喝水容易中暑，所以不應攝取太多水分。曾經被學長姊或老師喝斥「別喝水！」的人，應該也不在少數。可是，有一天，卻看到職業選手痛快暢飲運動飲料的畫面。對於不瞭解狀況的外行人而言，這就是黑天鵝。然

後我們才知道，原來同時攝取鹽和水分可以預防中暑。但在知曉這件事以前，就先中暑倒地的人，不知究竟有多少？

　　學術研究人員的使命，就是去找出黑天鵝。那包括兩件工作，一是開拓「不可能存在的事物」，找出連專家都覺得「那怎麼可能？」的黑天鵝。二是即使某件事在專家之間是已知的事實，只要一般人還停留在認為「不可能」的階段，就應該積極推廣以普及這項知識。

最佳論文獎

接下來換個話題。不曉得各位是否知道管理學界的「奧斯卡獎」？我想，電影界的「奧斯卡獎」應該是無人不知無人不曉，關於音樂的「葛萊美獎」大家也應時有所聞。還有頒給電視劇集的「金球獎」也相當有名，可能還會有電視劇迷把所有金球獎獲獎作品一片不漏全部看完才是。

但我猜想，知道管理學界「奧斯卡獎」的人，大概只有這個領域的專業人士。其中議論的一些內容，是尚未受到矚目、充滿讓人意外的知識。

本書將從管理學界的「奧斯卡獎」得獎作品中，嚴格挑選出讓人意外的知識介紹給大家。由於一本書裏能介紹的論文數量有限，因此本書將著眼於那些連專家都高喊：「不可能！」的研究。

美國管理學會（AOM，Academy of Management），是全世界最權威的管理學學會。會員人數高達一萬八千六百人（二〇一四年六月），並發行雜誌《美國管理學會期刊》（AMJ，*Academy of Management Journal*）。有幸能被刊載的論文數量每年不同，但大約只有六十篇左右。想到每年有超過一千篇論文投稿，可稱得上是極難通過的窄門。

而在那嚴選而出的六十篇論文中的最優秀論文，就是榮獲最佳論文獎（Best Article Award）的得獎論文。那等於是

從上千篇投稿論文中脫穎而出的最佳研究成果。

學術研究也和電影、音樂、電視劇一樣，屬於內容產業。以「人類貫注全心全意創造而成」的角度來看，它和電影或音樂沒有任何不同。所有在《美國管理學會期刊》勇奪最佳論文獎的作品，都在某種意義上是劃時代的作品，這也與電影、音樂、電視劇相同。

像是獲該獎項提名的論文裏，有一篇叫做〈超人對神奇四俠〉[3]，研究「一位有如超人般的全能創作者，與結合了多位分別擁有不同技能的創作者團隊相較，哪邊能產出較好的工作成果？」結果是當「擁有曾經參與過多樣作品的經驗」時，會由超人獲得勝利。這是因為無論神奇四俠是多麼優秀的團隊，都無法在整合多元知識的能力勝過超人一個人的緣故。

不限於這一篇，學術界存在著各式各樣的作品，有引發人們好奇，也有助於實踐的論文。在那其中，尤其是首開學會先驅的「找出黑天鵝」這種研究，一直具有特別的價值。我希望無論是日本的商業實務界人士，或是將背負起日本未來的在校學生們，務必熟悉那些內容。

本書沒有過度艱澀的專有名詞，而是以無論實務界人士

---

3 Taylor, A., & Henrich R. G., 2006. Superman or the Fantastic Four? Knowledge combination and experience in innovative teams. *Academy of Management Journal*, 49 (4): 723-740.

或一般學生都能理解的語言，來介紹這些學術內容。希望讓
每位讀者都能盡情沉浸在這些管理學領域的「奧斯卡獎」得
獎作品裏。

　　本書所介紹的研究，全都是得獎實至名歸、無論主題或
內容都值得矚目的論文。以主題而言，涵蓋了組織改造、新
事業創造、人才錄用、革新推廣、企業購併等，各種論及管
理學之際無可迴避的題目。研究對象則包括教會、報社、電
影製作公司、醫療機構、新創企業等，相當豐富多元。有的
論文提出異於通論的見解，有的整合對立的看法，有的證明
令人意外的實態，有的發現不可思議現象的發生機制。相信
讀者們閱讀之後，心中一定能充滿「竟然是這樣！」「原來
如此！」的知識感動。此外，還可得到「原來只要這樣做就
可以」「以後一定得小心」的啟發。

找到黑天鵝的方法

我一方面希望能讓讀者愉快地閱讀論文內容介紹，同時也希望大家能從中學習到有助每日實務的知性做法。因此當我在挑選得獎作品之際，也鎖定採用**個案研究**（case study）方式進行研究的論文篩選。原因是個案研究這種方法，與羅列一堆數學公式的量化研究不同，只要理解個案研究的思考模式，未來大家也能把它運用於實際上。

管理學的研究，主要採取二種方法，一種是本書介紹的個案研究，另一種是運用統計方法的量化研究。以主流而言，統計學的**假設檢定法**（hypothesis testing approach）這是目前管理學研究領域的主要潮流。

像是假設我們想驗證「快樂員工理論」（如果員工對公司的滿意度高，公司的業績也會提升），倘若採用統計學手法，約莫就是做問卷調查，一方面調查諸多企業各種不同部門的員工滿意度，同時設法將該部門的營運表現數值化。然後檢驗是否能找出「如果員工滿意度分數高，營運表現指標也提高」的關係。雖然這種方法仍存在「『幸福』是否真能用問卷的滿意度調查調查出來？」的問題，但由於它能導出可普遍成立的法則（通則），人們認為這是正統的學術研究手法。

相較於量化研究，個案研究則是針對特定企業、組織、

個人或產品進行研究的手法。即使同樣針對快樂員工理論進行調查，並非蒐集大量資料，而是著眼於少數個案。像是業績優異的麗思卡爾頓飯店（Ritz-Carlton），為什麼員工能夠活力十足工作？而在業績優秀的迪士尼度假區（Disney Resort），員工的高度動機，對組織的營運成果會造成什麼影響？個案研究，就是在探求能從如同上述的個案中得到的啟發。

正因為是個案研究，所以雖然能確認某個情況在該個案中成立，但不保證一定也能通則化到其他個案。因為，即使在特定時間、特定地點、特定狀況下呈現該樣貌，並不表示在任何情況下也會如此。如果站在如同統計式研究的立場，也就是「社會科學也應該追求可普遍成立的通則」，必須承認這是個案研究方法的受限之處。

即便如此，個案研究依然擁有統計學式研究手法所沒有的絕佳力量。就算只是單一個案，其中也蘊含著以下的力量，包括：

①活化人類智慧的脈絡（context）力：思考力與觀察力搭配應用的能力；
②處理複雜現象的邏輯力：解開因果關係的能力；
③藉由類推開拓未來的類推（analogy）力：即使前例不多，也能推導有效假設的能力。

　正因為個案研究有這樣的力量，所以可以用來推翻通論，或是類推將來。如果說量化研究方法適於用來找出白天鵝的平均樣貌，那麼，個案研究就適合找出黑天鵝的存在。

　也許因為反映了這樣的特性，事實上，在管理學的主要學會裏，獲得最佳論文獎的得獎論文採用個案研究手法的不在少數。

　其中存在一個悖論般的事實；如前所述，管理學學會從過去開始就以量化研究為主流，諸多採用這種研究方法的論文獲得學術雜誌刊載。即使假設帶來的啟發微弱到讓人難以留下印象，只要能夠獲得驗證，就可以獲得刊載。統計調查方式在這一點上相當有利，以刊載比例而言，高達全體九成。

　換句話說，採用個案研究方式的論文，刊載比例連一成都不到。可說在數量上，幾乎沒有存在感。

　但相對的，當我們把目光放在被學會評選為最佳論文的得獎論文之際，個案研究的存在感就大幅提升。以最近的傾向而言，在《美國管理學會期刊》，約有50％的最佳論文是採用個案研究手法（由二〇〇〇年至二〇一三年）。另一本管理學領域的知名權威學術雜誌《管理科學季刊》（ASQ，*Administrative Science Quarterly*），則是對發行後五年間的影響力做評價、選出最佳論文獎得主，得獎論文裏，約有70％是採用個案研究手法（二〇〇〇年以後至本書執筆時的

二〇一四年）。

　　為何個案研究獲選出那麼多篇最佳論文？讓我們來看看美國管理學會的基本評選基準（二〇〇二至二〇〇九年）。

- 提出的調查課題有多重要？
- 提出的理論深化了多少對組織的理解？
- 是否以扎實的方法，對調查課題做出堅實且明確的回答？
- 該論文對將來的管理學研究與實踐造成多大的影響？

　　不管哪一項，都與研究造成的衝擊有關。

　　也就是說，大致上，提出推翻學會常識般的問題、提出充滿意外的見解等的論文，大多是以個案研究的方式完成。若用略嫌誇張的方式表達，也就是個案研究對發現「不可能存在的事物」深具貢獻。換句話說，它是個適合用來尋找黑天鵝的方法。

　　其實仔細想想就會瞭解，人類必須一直面對「不可能」的事，與它們成為命運共同體向前邁進。請回憶三一一日本東北大地震後引發的福島核電廠事故，在那之前，那應該也被認為是「不可能發生」的事。即使如此，只要那個「不可能」的事一旦發生，人們就會在事後用宛如先知的口吻，說明發生原因。然後，只要可以合理說明，人們就會誤以為

「下次就能事先預測」。

　　然後，這個誤會，則會引發下一個「不可能發生的事」。以地震對策而言，再怎麼以為準備萬全，還是無法保證不發生「超乎預期」的事態。愈能合理說明，人們愈會覺得新預測可信，但其實這樣的預測卻完全不牢靠。因此，塔雷伯才會對這樣的事後說明抱持懷疑態度，並且警告大家：「那可能只是個用來交差的說明。」即使合理說明黑天鵝，也不表示接下來不會出現藍天鵝或是紅天鵝。

　　正因如此，我們能做的就是儘早找出顏色令人難以置信的天鵝，對它做出合理的說明。即使知道自己身處無法預期的不確定性中，也應該全力去找出原本以為「不可能發生的現象」「不可能存在的假設」，這才是科學的進步。

　　事實上，抱持這種態度獲得成果的研究，正受到學界好評。依據二〇〇六年對《美國管理學會期刊》編輯委員進行的一項問卷調查結果，被認為是「最具影響力」研究的論文，正是個案研究。

　　本書將為各位讀者介紹獲獎的個案研究，以及在學術界受到高度評價的個案研究內容與方法。

　　一部精采絕倫的電影不是只有電影本身有趣，製作之際採用的手法也精良。最佳論文獎的得獎論文也一樣，運用令人大感驚奇的調查方法進行研究。正因如此，我希望各位讀者切勿只關注研究內容本身，也要玩味其中的研究方法，讓

它對實踐於未來有所助益，尤其希望各位學習與借鏡導出新假設或驗證新假設的方法。

　　所謂個案研究，絕不是由站在特別地位的人們，用什麼特別的方法才能做。每個人在日常生活裏，就可以對身邊的事物，做出個案研究般的發想。因此，最佳論文獎得獎論文的做法，並非只能用於學術研究，也可應用在實務界與日常生活之中。我認為藉由理解學術研究的精髓，也能加深一個人在實務領域的洞察力。

第一章

信徒為何力挺預言失準的教主

以個案研究找出因果關係

當你知道自己現在坐的這架飛機即將墜毀時，你會對誰傳達什麼的訊息？

有一部我很喜歡的電影叫做《愛是您愛是我》（*Love Actually*），是一部奪下英國影藝學院獎最佳男配角的傑作。這部電影在一開頭用旁白的方式，訴說了一段關於九一一恐怖攻擊的故事，做為「世界充滿愛」的例子：

> 「當飛機要撞上世貿中心雙塔時，機上乘客用電話對他們親友說的，不是憎恨或復仇，而是愛的訊息。」

這讓我們突然間意識到，當一個人知道自己即將離世，會對誰傳達什麼樣的訊息。聽到那些話中「全部都充滿著愛的訊息」，讓人不由得略感驚訝，畢竟，被憎恨或欲望纏身的人應該也不少。不過仔細想想，也確實讓人點頭，感到「原來如此」。

雖然這只是個單一個案，但卻具有「可廣為適用」的說服力。我們應該會覺得，就算情況不同、人種不同、表達方式不同，但一定都一樣，會在往生之前留下充滿愛的訊息。

事實就像個案，具有強大的傳達力。這段話雖然只有短短幾行，但徹底把不幸坐上這班飛機的乘客心情傳達給我們。以刻劃古今東西的人類本質這一點而言，它與神話或童

話等故事相同，但卻是真實發生的事件。

　　有時候，我們會說「小說家把事實當成虛言，政治人物把虛言當成事實」。的確，不論是引人入勝的小說或者是優秀的演說，都能用強大的說服力吸引大眾。但我認為那說服力，無論如何都比不上有事實佐證的個案。畢竟，個案是把事實當成事實啊！

什麼是個案

所謂個案，是指「在某特定歷史個體或集團中發生的現象」[1]。這樣的解釋法也許讓人覺得太生硬難以意會，但像是九一一恐怖攻擊可以是一則個案。改變一下範圍，撞進世貿中心的飛機，或者是墜毀在賓州的飛機，也都分別是不同個案。另外，飛機裏每個人不同的行動，也都可視為一則則不同的個案，做為分析對象。

個案研究的特徵，是重視背景脈絡。所謂背景脈絡，指的是與某個現象相關，在現象發生前後的背景情境或脈絡。前述的那通電話故事中，「遭受恐怖攻擊，在飛機即將墜毀前，只能說最後一句話」即是背景脈絡。

就算同樣是對電話另一邊的家人表達感謝的心情，在日常生活中講的「我愛你」，跟飛機墜毀前只能說最後一句話時說的「我愛你」，意義大為不同。個案研究意圖在留意這些差異的同時，理解整個背景脈絡裏的某些現象。

《愛是您愛是我》這部電影，為了呈現它的副標題「愛無所不在」（Love actually is all around.），在電影開頭介紹了這則個案，然後接下來在主要劇情裏，開始描寫幾段讓人

---

1 田村正紀《研究設計：經營知識創造的基本技術》（暫譯，原書名『リサーチ デザイン経営知識創造の基本技術』，白桃書房，二〇〇六年）頁七四。

糾結不已或是會心一笑的愛情故事。

對個案研究而言，背景脈絡是為了理解整件事無法切割的背後因素，因此必須仔細分析。

「即將墜機」這個背景脈絡，非常重要。因為我們認為，已經知道自己馬上就要死亡時想傳達的訊息，會是人類的真心話。在這個背景脈絡下說出來的「我愛你」，在佐證愛的命題上扮演了極重要的角色，不再只是單一樣本。

這一點，顯出個案研究與統計學式量化研究大異其趣。相較於「連同背景脈絡一起理解整件事」的個案研究，統計學式量化研究更著重於找出不受背景脈絡左右的通則，讓背景脈絡不顯著的方式分析。

可是，許多事情難以用統計學數據表達。正因如此，個案研究有其實用性。

個案研究的創意

為什麼個案研究的創意有其必要？讓我們以一則虛構故事當例子。

某出版社的編輯部，打算寫一篇「世紀末特集」。「有沒有什麼有意思的寫作素材？」當總編輯這麼問時，有一位新同仁回答：「有個宗教團體的教主，預言地球會在馬雅曆的世紀末滅亡！」總編輯說：「那就快點去做調查吧。」就這樣，找到一則個案。那是一個相信地球會在二〇一二年十二月二十二日滅亡，一直在暗中持續活動的團體。

有意思的是，教主的預言雖然沒有實現，信徒卻變得更加虔誠。地球明明沒有滅亡，大家卻更奮發地繼續傳教。

再更詳加調查，發現還有其他預言失準，但信徒們卻變得更相信教團的團體。那位新同仁直覺，預言沒中卻不影響信仰心，這中間一定有什麼特別的事情，向總編輯報告。

總編輯：「有意思。不曉得還有其他同樣狀況的團體嗎？」

新同仁：「如果連海外資料都蒐集，也許能發現同樣的狀況，但能查得到的案例數量有限，難以

做統計學上的檢驗。」

總編輯：「那當然吧（笑）。雖然數量有限，但還是很想知道預言不準、信徒反而更虔誠的原因。如果理由夠明確，我認為個案的數量不多也沒關係。」

新同仁：「好的，那我馬上調查。」

也就是說，總編輯改變發想，表示如果統計式驗證並不容易，不妨試著以個案研究完成這篇報導。

要完成統計檢驗，樣本的蒐集相當重要。要蒐集宛如分析對象母體縮圖般的樣本。像是要分析日本的社會時，男女比例大約是一比一，年齡組合則要反映少子高齡化的現況。性別、年齡、家庭組成、學歷、職業等參數，都必須與日本社會的平均狀況相似。

如果樣本有偏頗，像是用全都是年輕而個性順從的人們當樣本分析出來的結果，想必無法套用在已擁有豐富社會經驗的年配層上。所以抽取樣本時必須隨機，以形成相對於全體而言無偏差的縮圖，並蒐集到足以進行統計推論的數量（詳見【**圖表1-1**】）。

【圖表1-1】統計推定的架構

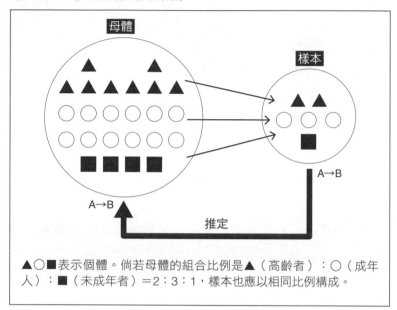

▲○■表示個體。倘若母體的組合比例是▲（高齡者）：○（成年人）：■（未成年者）＝2：3：1，樣本也應以相同比例構成。

　　當調查對象是組織或團體之際，基本上也一樣。如果想檢驗出可普遍成立於新興宗教的法則，就必須對有如這世上存在的所有新興宗教縮圖般的樣本進行統計分析。以「預言失準」的團體而言，那是個什麼樣的宗教團體、教主的權威如何產生、信徒人數多少、是排他的宗教還是開放的宗教等各個面向，都必須沒有偏頗。而且就算是單純的統計分析，也至少得蒐集到三十個團體左右的資料。

　　若能做到如此理想的抽樣，那麼沒有比堅持統計學的邏輯更好的事。然而，當受到時間限制，或者是自始就無法取

得足供統計分析所需數量的樣本時，就不得不以另外的方法
進行調查。

編輯部的新同仁開始調查後，過了幾天。

新同仁：「總編輯，我查到了。經歷了足以推
翻信念的事實，信念卻不被動搖、甚至更為強化的
情況，似乎確實存在。但要變成那樣，感覺上至少
要存在二個條件。」

總編輯：「哦？什麼條件？」

新同仁：「首先是，要相信那個預言，並已做
出什麼事到如今無法取消、難以回頭的作為。像是
辭掉工作、變賣家產入教的人，會想要相信『自己
的決策是對的』。接著，要有從背後激發那種心理
作用的夥伴，相互確認彼此信念正確的教友。如果
備齊這些條件，那麼信仰心不只不受動搖，反而還
會更加堅定。」

總編輯：「有意思。那麼相同的情況，在其他
團體也可能發生嗎？」

　　新同仁：「我調查的團體沒有那麼多，所以沒辦法確切回答。」

　　總編輯：「不用太多，只要找符合這兩個條件的團體就好了。雖然這次的個案是二〇一二年，但一九九九年那次的世紀末也沒關係。如果同樣在『世紀末』這個背景下，具有同樣特性的團體，發生了相同的事，就可說這是確實的情況。這樣的分析邏輯，和不斷做實驗重複驗證並沒有不同。我認為研究兩、三則個案，就能獲得接近驗證的結果了。」

　　這裏該留意的重點，在「兩、三則個案」這個指示。總編輯雖然要求增加觀測數量，但增加的目的並不是為了做統計推論，而是把一則則個案視為自然實驗般，以**重複實驗**（replicated experiment）的邏輯提高結果的確定性。詳細內容，我們將在第三章說明。

　　也就是，總編輯請新同仁觀察其他個案，確認在這種情況下，只要：

- **已做出什麼如今無法取消、難以回頭的投入**
- **存在相互確認彼此信念正確的教友**

　　以上二項條件同時成立，即使預言失準，教友們反而會更投入教團活動。更進一步思考，依這個邏輯，如果這二個條件沒有同時成立（像是才剛成為信徒不久、參與度還不高，或者是沒有深信不疑的教友等情況），當事人就應該會脫離那個教團。如果在其他個案也能觀察到此現象，假設的可靠性就更為增加。

　　用一個日常生活的例子說明。假設我們現在正在調查什麼東西會浮在水上、什麼東西會沉下去。我們建立一個假設，就是只要同時符合「大」與「輕」二個條件，應該就會浮在水上。重複實驗的做法是，加以確定只要符合這二個條件，無論物體本身是什麼形狀，都會「浮起來」（**水平展開**）。換句話說，也就是去驗證無論立方體或是金字塔型四角錐，不管它形狀如何，只要又大又輕就會浮在水上（詳見【**圖表1-2**】）。

　　重複實驗也有別的做法，就是去確認當二個條件中任何一個（或者是二個同時）不成立時，物體不會「浮起」（也就是「下沉」）（**邏輯佐證**）。

　　這個實驗，是為了驗證「當比重小於一時，會浮在水上」的原理。當愈深入思考這個問題，就會愈懷疑「為何物體會浮起來」，成為想到「是因為有浮力」這基本原理的契機。

【圖表1-2】重複實驗的邏輯架構

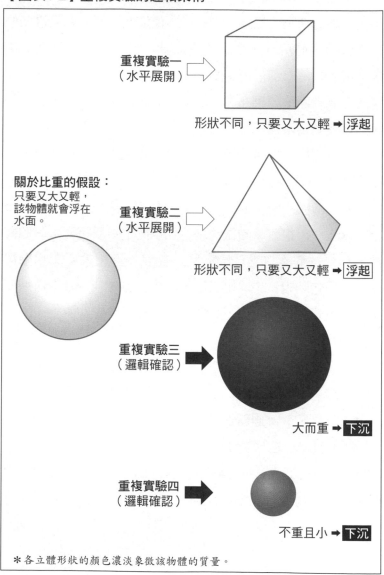

重複實驗一
（水平展開）

形狀不同，只要又大又輕 ➡ 浮起

關於比重的假設：
只要又大又輕，
該物體就會浮在
水面。

重複實驗二
（水平展開）

形狀不同，只要又大又輕 ➡ 浮起

重複實驗三
（邏輯確認）

大而重 ➡ 下沉

重複實驗四
（邏輯確認）

不重且小 ➡ 下沉

＊各立體形狀的顏色濃淡象徵該物體的質量。

個案研究與量化研究的差異

更詳細的說明，我們把篇幅留給第三章。但以上介紹，是否讓你瞭解統計式推論與實驗式推論的基本概念差異了？

本質上，統計學式量化研究手法與個案研究手法，分別各有不同的優點。統計學式研究的強項，在於可確認觀測到的「差異」或「相關關係」能通則化到何種程度、推論出可適用的範圍。像是假設我們現在想調查是否存在「相較於與教團建立深度關係的，剛入教的信徒在預言失準後，脫離的機率較高」這層相關關係，如果由隨機抽取自全世界數個教團的樣本中可發現這層關係，我們就可以說，這個假設可普遍套用於該時代的人類。

統計學式研究雖具有這項優點，但卻不擅長解開「因果機制」。相關分析的結果，並沒有回答我們任何關於「為什麼只有與教團建立深度關係的人會繼續留在教團裏？」的問題。

當然，方法之一是利用問卷調查的方式，詢問對方：「為什麼您會繼續熱心地參與傳教？請在符合的選項畫○。」可是像這種表面調查，並沒辦法解開連當事者自己本人都沒意識到的內在機制，也就是無法找出「為什麼只有與教團建立深度關係的信眾會繼續留在教團裏？」的真正理由。

　　個案研究則能夠透過觀察信徒們心理變化或態度等方式，追蹤整個過程，解開因果機制。

　　由於二種研究方法的優點不同，管理學等學會組織的共通看法是，應該相互活用統計學式研究（量化研究）與個案研究這二種手法，以互補不足。一般而言，基本做法是推導假設之際，採用個案研究法，而要驗證其可通則化至何種程度時，則用統計學的量化研究。

　　但在商業實務場合裏，並非每次都可容許調查人員這麼做。像是時間緊迫、預算有限，導致無法進行以統計學做分析的大規模量化調查。

　　一般而言，人們往往認為個案研究只能用來導出假設，但其實它也能做到接近驗證的功能。關於這方面，我們將在第三章與其他章節的個案研究裏詳述。

認知失調理論

雖然前述的雜誌編輯部對話是虛擬案例,但預言失靈後,教友卻不但不失其信仰心,反而還更加虔誠的這種現象,有史以來在世界各地不斷出現。

利昂·費斯廷格(Leon Festinger)等人的研究團隊,不光以史料為滿足,並以個案研究的方式潛入實質活動中的教團,把調查結果彙整為個案研究報告,相關內容詳見《當預言落空》(暫譯,原書名*When Prophecy Fails*)一書[2]。

【圖表1-3】比一比!量化研究與個案研究

	量化研究	個案研究
觀察對象選擇方式	隨機抽樣	刻意選擇
觀察對象數量	需要大量觀察對象	數量不多也無妨
因果機制	很難找出因果機制	容易找出因果機制
通則化	容易通則化	很難通則化

他們潛入調查的教團,預言十二月二十一日會發生水災,然後會有飛碟從外太空飛來拯救信徒們。然而到了那一天,飛碟並沒有出現,也沒發生水災。「我並不瞭解整個計畫的全貌,但預言絕對沒有錯。」教主如此辯解,但信徒們

---

2 Festinger, L., & Schachter, S. & Riecken, H. W., 2011. *When Prophecy Fails*. Literary Licensing, LLC.

則愈來愈動搖。

　　教主本身似乎也受到相當大的打擊，但不做點什麼的話，局勢將演變成根本無法收拾。結果，教主臨機應變表示收到了來自神明的訊息：「有鑑於信徒們集氣發出的巨大靈光，神明決定拯救地球免於毀滅。」有信徒聽了這種話之後掉頭離開，但絕大多數的信眾則開心接受了這個解釋，而且之後變得比以前更積極且熱心地傳教。

　　為什麼會發生這樣的事？為什麼預言失準，大多數信徒不但不否認預言失靈的事實，反而對教主更加深信不疑？

　　那是因為，如果承認預言從頭到尾就是個大謊言，信徒們的內心平衡將會崩潰。

　　這在社會心理學稱為**認知失調理論**（cognitive disso-nance theory）。

　　請想像一下相信水災預言，為此拋棄工作或學業，變賣或散盡家財者的心情。想像一下當預言的那天到來，應該出現拯救「神的選民」的飛碟卻沒有出現的情況。愈是與預言建立深入連結的人，大概愈會否認「那是個大謊言」的現實，愈想減緩心裏面因認知失調帶來的緊張。

　　正因為心裏想相信預言正確的欲望太過強烈，強烈到即使必須扭曲對許多事情的認知，也要保持內心平衡，教主臨機應變的解釋無疑地救贖了自己。順著這個出口，把當時正巧來訪的少年當成來自宇宙的訪客，就能相信飛碟其實真的

有來過，最終解釋為一心虔誠，感動神明拯救地球。

與教團的連結愈深，想消除認知失調的力量就愈強。證據是，掉頭離開的都是些與教團關係不深的信徒。他們在預言落空之後，就輕易放棄信仰了。

當然，不管連結再怎麼深，光靠自己一人要扭曲認知應該不容易。與教團連結深入但無法接觸其他信徒的人，沒辦法消除內在矛盾，內心應該會很混亂。所以信徒們必須互相鼓勵，彼此認同自己的信仰正確。

接下來，彷彿只是這樣還不夠似的，為了讓一般社會大眾也認同他們的解釋，他們開始積極影響大眾媒體，同時展開雙臂歡迎外部訪問者。在預言日之前一直採取「神的選民」思想，主張「只有信者才能得救」的封閉型宗教團體，為了保持自己內心的平衡，轉型成為積極傳教、希望獲得社會認同的教團。

一九五四年，潛入這個宗教團體進行個案研究的費斯廷格等人，撰寫《當預言落空》。後來並以「認知失調理論」對這樣的行為進行體系化的說明。所謂認知失調理論，是當自己內心發生相互矛盾的認知時，彷彿為了消除來自該矛盾的壓力般，會扭曲自己認知的機制。

這個因果機制在後來也不斷受到實驗檢驗，站穩了理論的地位。但別忘了在那之前，他們是以徹底研究一則個案的方式，導出說明因果機制的假設。

黑天鵝的存在

對於學過心理學、了解**認知失調理論**（cognitive disso-nance theory）的人而言，「教主預言落空卻讓信徒們更深信不疑」這件事，一點也不讓人意外。

但在這個理論被費斯廷格提出之前，即使是心理學家，應該也會覺得那是不可思議的事。畢竟這樣的宗教團體相當奇特，結果又與常識相左。看在一般人眼裏，那些更深信不疑的信徒大概多少都被視為「不可能的存在」。

即使認知失調理論已被一部分專家解開，但對不知道這理論的人而言，還是會覺得這件事「不可能」吧。

假定有父母的孩子遭到邪教集團洗腦，父母親心想：「當發現地球並沒有滅亡後，就會清醒而離開那裏了吧。」結果，雖然教主預言落空，他們的孩子卻反而對那邪教更深信不疑，這要怎麼讓人受得了。

我在這本書裏，把身陷其中的當事人或分析該情事的專家眼中的「不可能的事物或存在」，比喻為「黑天鵝」。

黑天鵝裏，也有像超大型地震那樣以機率而言幾乎不會發生，但「有可能」發生的事物。專家會知道那件事「有可能」發生，但一般人卻常常是在發生後才意識到那個可能性。也就是說，是否把那件事視為黑天鵝，依每個人的知識水準也有不同。本書裏，把所有被當事人認為「不可能」「超乎預期」「不可思議」的事物，都視為黑天鵝。

個案研究的優點

個案研究如今已在各領域十分活躍，甚至奪下許多最佳論文獎。但一直到前一段時間為止，都有如神話中的悲劇主角一樣。過去在學術領域裏，由於它被認為正確性、客觀性、嚴密性上都不夠充分，曾被戲稱為「孱弱的兄弟」，有被視為 B 級研究手法看輕的傾向。

然而，個案研究權威應國瑞（Robert K. Yin），在其著作《案例研究：設計與方法》提出以下疑問[3]：

> 個案研究愈來愈普遍。且讓我提出讓人驚訝的悖論，那就是如果個案研究法存在重大缺點，為何研究人員會繼續使用它？

對於應國瑞的這個問題，我認為「那是因為個案研究擁有『找到其他研究方法無法解開之謎』的力量」。

在前面介紹的認知失調現象裏，要解開預言失靈卻更深信不疑的這種不可思議心理變化，就必須理解信徒的心情。個案研究的長處是能完整調查包括整個背景脈絡在內的所有資訊，這也是在個案裏植入「力量」的祕訣。

3　Yin, R. K., 1994. *Case Study Research: Design and Methods*〔2nd ed.〕, Sage.

　　當然，要找出「究竟是如何？」「為什麼？」等答案，還有其他方法，也就是實驗方法與歷史方法。實驗方法適於在能製造出一個實驗室般的環境，並可控制現象生成的情況下使用。但如果是無法控制的環境，實驗就無法發揮效用。像九一一恐怖攻擊這種無法用實驗檢驗的狀況，就無法加以檢驗。

　　另一個是歷史方法，雖然無需控制它的背景脈絡，但無法用來研究現在的現象。它把著眼點聚焦於過去發生過的事件，以不可能做訪談為前提，關注的是如何善用史料。

　　如同前面說明過的，統計學式的調查並不適用於調查「究竟是如何？」「為什麼？」等問題，不過，普遍認為是最適合調查「誰？」「是什麼？」「何處？」「什麼程度？」等量化問題的方法。的確，在前述的飛碟降臨地球的例子裏，想用統計學式的調查去找出預言落空卻更加努力傳教的理由，有其難度。既不知能否提出適當的選項，即使可以，也不會有人圈選「為了保持內心的平衡」這種答案。畢竟，真實的心理機制，連當事人都不見得有自覺。

　　先用個案研究導出假設，然後再以統計學式的調查確認它能不能通則化，事實上，這樣的研究方式才能發揮作用。或者是反過來，運用個案研究的手法說明統計的調查結果也會有效。

棉花糖實驗

美國史丹佛大學曾做過以三至五歲兒童為對象的實驗。
實驗人員把看起來很好吃的棉花糖放在房間裏，對小朋友
說：「如果可以忍耐十五分鐘不吃，就能再多得到一個棉花
糖。」然後大人們離開房間。

實驗結果，為了多得到一個棉花糖，有小朋友用手把眼
睛遮起來，也有小朋友故意面向牆壁，不看桌上的棉花糖。
有小朋友可能不覺得棉花糖是食物，把它拿來像洋娃娃一樣
玩。而約三分之一的小孩，沒辦法忍耐，在規定時間到前就
吃掉了。

實驗人員在十二年後進行了追蹤調查。比較過所有人的
統一學力測驗分數後，得到以下結果：能忍耐十五分鐘換取
吃二個棉花糖的小孩，比連一分鐘都忍不住而吃掉的小孩，
獲得更高的分數。主持這個實驗的心理學家沃爾特・米歇爾
（Walter Mischel）依此做出結論，認為性格堅忍、較有自
制力的兒童，長大之後會有較好的成就表現[4]。

但是，這裏的「自制」這項特性，是調查團隊的推論，
並非直接透過統計調查導出。統計調查顯示的只是「能否等

---

4 Mischel, W., Ebbesen, E. B., & Antonette R. Z., 1972. Cognitive and
Attentional Mechanisms in Delay of Gratification. *Journal of Personality
and Social Psychology* 21（2）: 204-218.

待十五分鐘與統一學力測驗分數的相關性」，對於自我抑制如何產生作用、如何影響測驗分數的這種因果機制，並沒有任何說明。米歇爾是透過對調查對象進行追蹤研究，來說明其因果關係（詳見第七章）。

為了找出因果機制，必須追蹤因果之間的連結過程。自制是與其他哪些因素相輔相成、影響學習習慣，最終反映成測驗分數這個結果？研究人員必須解開這個因果之間的連鎖關係。

而適合用來調查這種因果連鎖關係的方法，就是個案研究。個案研究與統計學式的研究不同，不是研究一個變數與其他變數以「什麼程度」共變，而是告訴我們「哪個要因」「如何發生」影響。

應國瑞表示，個案研究可以在調查人員針對無法控制的**現代的**現象探求「如何」或是「為什麼」等答案時，發揮本領。正因為如此，所以它能與統計學式調查方法等其他調查方式互補。

個案研究的三大力量

讓我們再更多瞭解一點個案研究的魅力。如同「前言」，個案研究具有三大力量：

①活化人類智慧的脈絡（context）力：思考力與觀察力搭配應用的能力；

②處理複雜現象的邏輯力：解開因果關係的能力；

③開拓未來的類推（analogy）力：即使前例不多，也能推導有效假設的能力。

①活化人類智慧的脈絡（context）力：思考力與觀察力搭配應用的能力

有個關於人類學習的知名實驗，是讓受試者憑記憶重現西洋棋盤上棋局配置的實驗[5]。讓西洋棋頂尖高手、中級者、初學者分別觀看棋盤配置五秒後，請他們把棋子位置重現出來。如果棋局是以實際的西洋棋中盤配置讓他們自己動手重排，頂尖高手只要看二、三次就能完整重現，中級者要

---

5 Chase, W. G., & Simon, H. A., 1973. Perception in chess. *Cognitive Psychology*, 4:55-81.; Gobet, F., & Simon, H. A., 1996. Recall of rapidly presented random chess positions is a function of skill. *Psychonomic Bulletin & Review*, 3:59-163.

三、四次，而初學者即使看了七次，也無法完全重現。

　　據聞，人類能在短時間內記憶起來的，只有七個區塊左右（七加減二）。這一點無論對西洋棋頂尖高手或初學者而言，基本上都是相同。但實際的實驗結果，卻是頂尖高手的重現力比較強。這可能是因為他們配合實際棋局的前後脈絡，用模式方式把棋盤配置記下來的緣故。

　　也因為他們以這種方式記下基本模式，所以不用把大腦用在其他無謂的地方，能把有限的認知能力，集中用在重要之處。運動選手也是瞬間判斷自己身處的狀況，做出最適合的動作。醫師也是一樣。

　　以這個實驗而言，某個棋盤上的棋局配置，代表的是從開始到現在形成這種狀態的一整個脈絡。眼前的畫面顯示出來的，是從過去到現在不斷改變的事物的各時刻樣貌的累積，這就是背景脈絡。

　　因為有前後脈絡，所以容易記憶，也因此讓人的觀察力更敏銳，理解更深入。人類擅長沿著背景脈絡思考，對於電腦擅長的機械式演算或記憶，則一點都不擅長。

　　我認為人類的智慧，是與背景脈絡一起發揮。個案的第一個力量，正是它與思考力和觀察力搭配應用的脈絡力，可活化人類的智慧。

　　正因為如此，在具備背景脈絡的個案中，蘊含著活化人類智慧的力量。尤其愈是經驗豐富的專家，愈能從個案中汲

取出更多資訊，以直覺方式掌握問題。因為它能活化自己的智慧，進而深入洞察。

然而，經驗本身並非永遠都發揮正向的機能。事實上，重現西洋棋盤的實驗還有後續。如果用「實際棋局裏不可能出現的胡亂擺法」做同樣的實驗，讓頂尖高手、中級者、初學者分別依靠記憶重現棋盤，那麼，頂尖高手的成績會比初學者還更糟糕。也就是說，用不符現實的棋局測試，會得到不同的結果。愈是經驗豐富的棋手，看到棋盤上自己不熟悉的配置，反而會自亂陣腳。

職場也是一樣，當面對未知的狀況之際，依賴過去經驗或規則做出誤判因而犯錯的情況，時有所聞。

因此，當要進行跨國經營等可能會遇到有別於以往的情形時，千萬不可只依賴原有的經驗。必須徹底觀察背景脈絡的差異，重新解讀前後脈絡。絕對不能漏失背景脈絡的差異，但也不能盲目追尋背景狀況。要面對現象，把它連同背景脈絡一併理解。而能讓人類像這樣發揮特有的理解力，也可說是個案研究的特徵之一。

②處理複雜現象的邏輯力：解開因果關係的能力

個案的第二個力量，是透過解讀因果關係，以處理複雜現象的力量。當要從觀測數量不多的現象（像是美國九一一

恐怖攻擊事件，或是三一一日本東北大地震等）中學習，思考預防方案或事後因應策略等風險管理項目之際，個案研究的手法就可派上用場。

像是先前介紹的宗教團體研究也一樣。追蹤整個預言的發展過程，會發現「收到預言→預言落空→陷入不安→為了正當化自己做的事而扭曲自己的認知」這種循環重複出現。有意思的是，這個宗教團體的預言並非只失準一次，而是很多次。

依照費斯廷格等人的調查，在研究團隊潛入前的七月二十三日早晨，教主就接收到「八月一日正午時分，飛碟將降落在陸軍航空基地」的訊息。

教主與十二位信徒一起在路邊等了二個小時，飛碟並沒有出現。除了遇見一個陌生男人外，其他沒什麼與平常不同之處。最後他們就地解散。

但隔天早晨，教主自稱接收到來自神明使者的訊息，表示「出現在路上那個就是我」。教主狂喜，信徒們的活動更加熱烈。

十二月十七日上午，有個以電視節目某角色名字自稱的人物打電話來，告知當天下午四點，飛碟會降落在教主自家後院。

教主及信徒們為了登上飛碟急忙準備，準時在後院集合，但飛碟還是沒有出現。

接著，在十七日的深夜，又接到飛碟正飛往教主後院的連絡。大家又趕緊準備，在後院等到凌晨三點，飛碟依舊連個影子都沒有。信徒們的內心平衡，已幾近崩潰。

可是，在十八日晚上，卻又接到外星人使者的電話，告訴他們：「現在要往那裏去，請大家坐著等。」

而當晚來訪的，正是打之前那一堆惡作劇電話的學生，但教主及親信們都相信他們是來自天界的少年。

雖然也有信徒懷疑，但教主辯駁，成功說服大家他們是使者。也就是說，外星人雖然沒有在十七日出現，但還是在十八日現身了。

之後大家迎向十二月二十一日，結局則如前所述。

預言一路到最後全都落空，但信徒們的心，受到教主「鑑於信徒們集氣發出的巨大靈光，神明決定拯救整個地球免於毀滅」這句話獲得救贖。除了向心力低的信徒外，剩下的絕大多數都變得更深信不疑，更積極參與傳教活動。

正因為追蹤了整個預言從頭到尾的進行過程，才能解開人心消除認知失調的機制。

商業世界裏，也存在許多無法光以蒐集過去資料就能解開的因果關係。而個案研究可以幫助我們解開埋藏在複雜社會現象裏，至今尚未發覺的因果機制。

64

③開拓未來的類推（analogy）力：即使前例不多，也能推導有效假設的能力

個案的第三個力量，是即使前例不多，也能推導出有效假設、開拓未來的力量。

個案在政治與外交領域裏受到相當大的重視，因為外交或戰爭等極端重大的問題，不會頻繁發生，難採用統計學式的量化分析方法。

當想透過外交方式解決紛爭時、要開戰時、欲解決領土問題時，政治家或外交官會由全世界過去發生過的個案中尋找可能有參考價值者，藉以決定政策，這稱為歷史的類推（歷史類推法）。知名策略理論大師理查・魯梅特（Richard P. Rumelt）表示[6]：

> 「外交政策在面對困難局面之際，常參考過去的類似狀況做評估。然後，基本方針就會依循過去曾達到某種程度成功的方式決定。在這情況下，假設伊朗總統馬哈茂德・艾哈邁迪內賈德（Mahmoud Ahmadinejad）被評斷為『第二個希特勒』，基本

---

6 Rumelt, R., 2011. *Good Strategy / Bad Strategy: The difference and why it matters*, Crown Business.

方針大概就會是戰爭。但如果他被評斷為『第二個格達費』，大概就會選擇透過檯面下的接觸進行施壓這種基本方針。經濟、外交、國防當局，會在外交政策上採取協同一致的行動。」

曾任職日本外務省國際資訊局長的孫崎享，主張要解決釣魚台群島問題，應該基於歷史類推，使用德國當初在面對德法領土問題之際，在阿爾薩斯─洛林地區採行的選擇[7]。

要驗證這主張是否正確，幾乎不可能。但我試為如果善用類推的概念，進行適當的個案研究，即使前例不多，亦可確實推導出有效的假設。

所謂類推，是在「已知的世界（基礎）與未知的世界（目標）之間，找出結構上的類似性，藉以促進理解與發想」的方法。

實際上，以類推發想在企業內部引發革新的例子並不少。像是美國西南航空（Southwest Airlines）面臨到必須縮短整備時間以提高機隊稼動率的問題之際，就用類推發想幫了大忙。據聞他們在研究「印第安拿波里500方程式賽車」（Indianapolis 500）的進站維修作業後，想到由全員一起開

---

7 孫崎享《日本國界問題》（暫譯，原書名『日本の国境問題：尖閣・竹島・北方領土』，筑摩新書，二〇一一年）

始維修賽車的創意。

　　類推不是檢驗的方法，而是發現的方法。由於在某個世界裏成立的事，不保證在另一個世界裏也會成立，所以它在科學領域裏被視為「不確定的推論」遭到排斥。但它對於在未知領域裏推導假設則甚有幫助。拙著《創新第一課：模仿》（繁體中文版二〇一三年由臉譜出版，原書名《模倣の経営学》）或細谷功的《類推思考》（暫譯，原書名『アナロジー思考』，二〇一一年由東洋經濟新報社出版）都有提到，即使現在面臨的問題在某領域是未知之事，也許在另一個領域很可能是已知的事情。我們常向時間軸上已發生過的過去尋求解答，或是由發生在不同地區的事件上取得靈感，或是以更進步的產業做參考。透過向更先進的世界學習，能幫助我們在現在的未知世界做出更好的判斷。

　　但是，必須留意的是，對事物的判斷會因為用哪則個案類推而出現不同；因此，必須仔細選擇類推基礎。

　　正因如此，我們必須徹底掌握個案研究的邏輯，學習它的方法，不可受到表面上的類似性牽著走。我們應該累積廣泛的個案做為「類推基礎」的資料庫，配合欲適用的「目標」進行適當的搜尋，選擇使用。千萬不能只因為比較熟悉某則個案，就以此為理由選定它做為類推基礎。

　　在接下來的第二章到第六章，我將介紹運用個案研究之力找出黑天鵝的最佳論文獎得獎論文。介紹的每篇論文，一

開始都是從「天鵝是白色的」開始進行調查，但卻遭遇到意
料之外的黑天鵝。研究人員們是怎麼遇上「不可能存在的事
態」而提出新假設？接下來的，筆者將逐一介紹通論與意料
之外的發現，以及研究人員提出的新假設，為各位說明探索
黑天鵝的方法。

衰敗教會出乎意料的重生

顛覆通論的單一個案

　　歐洲人習慣用一句諺語「有如想找一隻黑天鵝」（As likely as a black swan），比喻白費力氣的事。因為對他們而言，黑色的天鵝正象徵著「不可能存在的事物」。

　　如此深信不疑的他們，有一天親眼目睹黑天鵝之際，受到的震撼將是筆墨難以形容。因為，即使只看到一隻黑天鵝，也足以顛覆「天鵝是白色的」這個通則。

　　像是達爾文（Charles R. Dawin）的進化論，就造成類似的衝擊。他發現加拉巴哥群島與南美的動植物雖然同種，但彼此間卻存在著微妙的差異。因為這些生物分別適應各自的生存環境，產生細微的變異。

　　又如生長在加拉巴哥群島和南美的燕雀（雀形目鵐科下數個屬的鳥類總稱），就依據棲息環境，長成不同形狀的鳥喙。達爾文在象龜、鬣蜥和反舌鳥等動植物身上，找出同一物種中的多樣性。

　　當時的定論認為，生物種永遠不會改變。達爾文對這個通論產生疑問，開始整理自己的觀察個案，最後在自己一八五九年的著作《物種起源》（*On the Origin of Species*）中，提出生物依自然淘汰機制演變的進化論[1]。

　　《物種起源》不只在專家之間，連在民間也引起相當大的矚目。

1　Dawin, C., *On the Origin of Species*.

　　為什麼這個論點會造成那麼大的衝擊？讓我們把它與當時的常識及通論做個對比。

　　十九世紀的文明社會，是西歐基督教影響力極強大的時代。而這個宗教，相信世上包括動、植物在內的一切萬物，都是由神所創造。

- 神是在**計畫下**創造出這個世界。
- **神愛**這世界上**一切**萬物。
- 生物的外貌自被創造出來後就**永遠不變**（因為是依神的目的而創造）。
- 人類是一種特別的存在，在世界裏扮演**特別的角色**。

　　但達爾文卻提出取代造物主的「物競天擇」概念。物競天擇是指「在生存競爭裏，生物的特徵只要比對方稍具優勢，就會存活下來，留下擁有這種有利變異的子孫。被環境淘汰者，就逐漸消滅」。觀念背後的基本信念如下：

- 這世界的樣貌是**物競天擇的結果**，不是計畫下的產物。
- 生物必須在**生存競爭**中存活下去。
- 生物會在物競天擇的過程裏不斷**改變**。
- 在物競天擇的法則下，人類與其他生物**相同**。

　　話說回來，為了避免宗教界的反彈，《物種起源》中似乎刻意未觸及有關人類的內容。描述人類與黑猩猩是由共同祖先進化而來的《人類的由來及性的選擇》（*The Descent of Man And Selection in Relation to Sex*），是在更晚的一八七一年出版。

　　即使如此，以結果而言，這本書還是暗示了「人類說不定也是從猴子進化而來」的這種「不可能」的思維。由於當時世人認為，包括人類在內的萬物都是由唯一真神所創造出來的，進化論無疑是對「神的創造論」這個通論提出質疑。

　　加拉巴哥群島的個案做為「神的創造論」底下的異常個案，開始具有特別的意義。

單一個案的價值

「單一個案也具有價值」，這句話其實包含著許多種意義。它可以像美麗的白天鵝般把典型的天鵝姿態傳達給世人，也可能像黑天鵝般成為顛覆通論的開始。單一個案，可能具有各種不同的價值。

個案研究的整理、分類法中，有一種分類法是把個案種類分成四類：①先鋒個案；②代表個案；③異常個案；④原型個案[2]。

①先鋒個案

所謂先鋒個案，指的是當其他人還在評估某行動，卻已經有人率先執行的個案。起初會被認為「不可能」，一旦普及之後，就會成為「一般常識」。

像是在流通業的漫長發展史中，亞馬遜（amazon.com）或eBay等就可視為先鋒個案。當該進行的方向不只一個時，就可找到複數的先鋒個案。無論成

2　此基本分類由田村正紀介紹於《研究設計：經營知識創造的基本技術》（暫譯，原書名『リサーチ·デザイン経営知識創造の基本技術』，白桃書房，二〇〇六年）。

功或失敗，由於他們跑在前頭，後面的人能夠以「他山之石，可以攻錯」的方式從中觀察學習，藉以修改、調整自己的做法。只要仔細觀察，不只是成功機制，也可發掘出隱藏在其中的陷阱或矛盾機制。

先鋒個案所處的位置雖與其他大多數人不同，但有可能成為將來的代表個案。我們應該仔細檢視它與目前代表個案間的差異，思考今後的因應方式。

②代表個案

代表個案如字面所示，是某個現象的典型範例。只要學習該個案，就能瞭解關於該現象的典型狀況。

所謂的典型範例有二種概念，一種是把某個現象的中庸（平均）存在視為典型，另一種則是把足以代表該現象的引人注目存在視為典型。像沃爾瑪（Wal-Mart），就是美國流通業折扣商場的代表個案。需要注意的是，如果範疇定義得太大或太模糊，將難以找出典型範例。如果聚焦於會員制折扣商場，好市多（Costco）就會成為選項之一。如果

案例的代表性夠強，從那當中獲得的發現，應該也就能套用到相同範疇的其他個案。

③異常個案

異常個案指的是不同於其他多數的例外個案，與至今為止的通論不符的個案。藉由調查異常個案，我們可將「現有理論」或「業界常識」的界限明確化，得到理論的突破點或是革新產業的新點子。但它與先鋒個案不同的地方在於，未來也不會成為某個大型範疇的代表模型，基本上會一直是「不可能」的存在。

以美國的流通業而言，標榜天然、環保、平價主要以販售原創商品為核心的連鎖超市Trader Joe's，或引燃健康食品風潮的 Whole Foods Market 等，就接近異常個案。不管現在還是未來，黑天鵝都一直是異常個案。

④原型個案

原型個案是指孕育出某個現象的首宗個案，像是法國大革命之於革命、東印度公司之於股份企業

般，做為起源，足以表徵該現象本質特徵的案例。

　　調查原型個案，能幫助我們深入瞭解該現象的本質與原初理念、初始狀況等。如果針對歐美流通產業探討百貨公司的原型，則全世界歷史最悠久的知名法國樂蓬馬歇百貨（Le Bon Marché）或美國紐約的梅西百貨（Macy's），應可做為選項。

　　在這四種類型的個案中，尤其是打破過去常識、促成全新定論產生的異常個案研究，不只在學術圈裏，在社會上也獲得高度評價。

　　勇奪最佳論文獎的研究中，事實上就有針對異常個案所做的研究。讓我們來看看一則單一個案，究竟能傳達出具有多少影響力的訊息。

《美國管理學會期刊》二〇〇七年
最佳論文獎得獎論文

　　美國管理學會（AOM，Academy of Management）每年從
刊登在《美國管理學會期刊》（AMJ，*Academy of Management
Journal*）約六十篇論文中選出一至二篇，頒發「最佳論文
獎」。

　　本章為了讓讀者們瞭解單一個案的價值，介紹德州大學
（University of Texas）教授東得・普洛曼（Donde Ashmos
Plowman）團隊所做的**組織變革**（organizational change）個
案研究（獲得二〇〇七年最佳論文獎）[3]。

　　順帶一提，《美國管理學會期刊》的個案研究注重的是
現象，對於企業名或組織團體名稱，通常使用化名。

　　先讓我們來看看這則個案得獎原因：

---

3 Plowman, D. A., Baker, L. T., Beck, T. E., Kulkarni, M., Solansky, S. T.
& Travis , D. V., 2007. Radical Change Accidentally: The Emergence and
Amplification of Small Change. *Academy of Management Journal*, 50
(3):515-543.

得獎原因

《美國管理學會期刊》二〇〇七年最佳論文獎

本研究由對遊民提供餐點的地區教會中，獲得管理學的洞察。對學會而言，教會是前所未有的調查對象。本研究提出確實佐證命題的資料，同時亦展開極吸引讀者的豐富故事內容。引用**複雜系統**（complex system）理論的做法極為創新，也相當得宜。

結論的核心令人驚嘆，也極為重要，想必可讓讀者新發現「急劇的組織變革，可能以非預期的方式緩慢創發進行」。這個發現違背直覺，但透過作者們精細的方法、豐富的資料、純熟的理論運用方式以及引人入勝的文筆，使它成為深具說服力，也非常具深度意義的研究。這份研究論文由經驗豐富的學者與他指導的五位研究所年輕研究人員共同完成，不但優秀的調查設計值得參詳，也是指導方式的絕佳範本。

（*Academy of Management Journal* 2008, Vol. 51, No.6, 1051.）

組織變革向來是管理學會最關心的主題，美國管理學會也由諸多權威不斷研究至今。關於組織變革，有個通論是：

不斷累積些微的變化，並無法達成**激進式變革**（完全的改變）（radical change）。

這個通論的代表理論是**斷續均衡模型**（punctuated equilibrium model）。這個模型強調的是在長期的漸進式變化背後，不斷發生破壞既有架構的不連續變革。它的觀點在於，為了適應不連續變化的環境，組織也必須在策略、組織架構、過程、管理學、人才等方面同時發動變革，而不是採取連續而漸進式的改變。

麥可‧塔辛曼（Michael L. Tushman）提出斷續均衡模型，建立「激進式變革只有在非連續的狀況下才會發生」的定論，成為組織變革理論的權威[4]。後來諸多研究人員繼續推進這個主張，使「只有領導者基於計畫與願景的主動積極作為，才能真正引發徹底的變革」這種概念，廣受各界支持。

這與前面一開始介紹的「這世界是由神依照計畫所創造」的觀念相似，認為只要組織的領導者沒有抱持願景建立架構，就無法產生激進式變革。小團體的規模也許還有可能，但在沒有計畫的情況下，大型組織不可能發生整體的改變。

然而，普洛曼團隊對這項通論投以疑問的眼光。事情起因於他們在偶然間受委託而進行調查的教會裏，觀察到「不可能發生」的組織變革。在這則個案裏，微小的變化以預期

4 Tushman, M. L., & Anderson, P., 1986. Technological discontinuities and organizational environments. *Administrative Science Quarterly*, 31:439-465.

之外的方式相互結合，引發了激進式變革。

　　這情況有如本章一開始介紹的進化論一樣，他們像達爾文一樣回顧自己的調查結果，發現事情的重大性，最後則找出了有如進化論般，不存在計畫的變革的因果關係。

　　到底，初期的微細微的變化是怎麼增幅，最後則發展成組織的激進式變革？在詳細說明前，先讓我用一個簡化的方式把它圖示（詳見【圖表2-1】）。比較原本教會與新生教會的特徵之後，我們會發現教會的基本屬性（性質定位、教友組成、主要財源）已經發生改變。

　　造成那個變化的關鍵字，是「增幅」。也就是細微的變化不斷累積後被放大，形成巨大的變化。依普洛曼的研究，變化的增幅是由「教會所處的背景狀況」「教會相關人等的行為」，以及「背景狀況與行為的交互作用」這三個因素所引起。

　　研究團隊提出這個「異常個案」，挑戰通論。

　　由於本書的主題是個案研究的方法，在此並不詳述普洛曼引用的複雜系統理論，只在敘述故事的同時，一邊說明促成變化的要素。

做為個案研究對象的故事

這個故事，是發生在一所既有歷史又有傳統的名門教會的真實故事。

這所教會名為「宣教教會」（化名），是一間位於美國西南部某大都會中心區的教會。教會旁是知名飯店，常舉辦優雅的婚禮或上流的主管級研討會等。教會前的公園會有遊覽車停留，讓觀光客們從那裏走向鬧區的觀光景點。因為幾個街區外，就是許多觀光名勝及受歡迎的餐廳、精品店櫛比鱗次。

【圖表2-1】造成變化增幅的因素

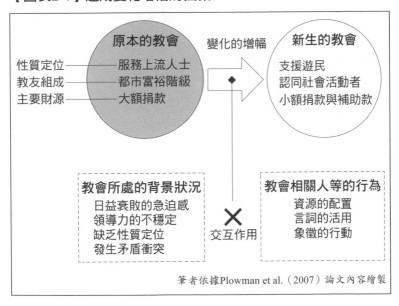

筆者依據Plowman et al.（2007）論文內容繪製

　　一直到數十年前為止，這所教會是以都市富裕階級為主要教友的「上流人士教會」。但隨著市區中心治安日漸惡化，居民開始移居至市郊，改成去市郊的教會。從那時起，經過五十年以上的歲月，這所教會已徹底變得衰敗。

　　但有一天，有一個細微的變化的徵兆出現在已衰敗的宣教教會。

　　這是發生在某天晚餐時的事情，教會的青年們正在討論禮拜天早晨的主日禮拜內容。「有些人對參加像過去教會學校般的活動意願不高。針對這樣的人，我們能不能提供什麼替代的做法？」有人這麼問道。

　　「提供早餐給經過教會的遊民如何？」有人提出這個點子。他們基於「遊民們也應受尊重」的想法，想出了不同於以往配給餐點的做法。不是布施與救濟，而是把遊民當客人對待。他們把這個想法命名為「心之咖啡」，獲得牧師的首肯後開始實行。

　　活動本身只不過是件小事，卻是略為偏離教會一向以來的立場。之所以這麼說，是因為這所教會過去並不歡迎遊民。

　　　「從前，星期天上午的遊民對教會而言是礙眼的存在。雖然偶爾也有想拿教會宣傳品的人，但他們基本上被認為會妨礙教會活動。門口工作人員被

指示不要讓他們接近正門。之所以這麼做，是因為
他們會造成上教會做禮拜的其他人不快。」[5]

　　提出這個想法的青年教友們，利用週末在街上派發傳
單。第一次早餐來了七十五位遊民，之後參加人數馬上突破
二百人。提案的教友和他們的友人們在整整一年的時間裏，
自掏腰包讓早餐活動能持續舉行。

　　在免費早餐活動開始後六個月的某個星期天，有位內科
醫師帶著聽診器、公事包和藥品試用品前來，為有健康問題
的遊民義診。

　　星期天的診療馬上擴大，那位內科醫師開始呼籲其他內
科醫師提供協助。沒多久，牙科和眼科也加入陣容，讓星期
天的活動擴展為廣範圍的診療，發展成全年診療超過一千位
患者的服務。

　　之後，一位身為教友的律師為了支援這一連串活動，去
申請了市政府的補助金。隨著補助款取得，活動更加擴大，
五年後，教會在市政府協助下，設立提供數千位遊民二萬份
餐點的日間照護中心。

　　除了供應餐食與醫療服務、洗衣服務與淋浴設施使用
外，甚至還增加法律扶助與職業訓練等內容。遊民們也變得

---

5 Plowman et al.（2007），P.526

積極參與教會活動，在聖歌隊唱出美妙詩歌，或是擔任主日禮拜的帶位員。

來參加禮拜的教友變得多元化，無論服裝風格、禮拜進行風格甚至是音樂，都發生巨變。像是每週來教會的遊民人數，高達數百人。

但是，並不是一切都是好的影響。在受到媒體矚目的同時，附近的飯店與辦公室開始抱怨。不過，把好壞先擱一邊，這所教會從根本修正自己的使命，變成一間徹底迥異於先前樣貌的存在。

研究的主張與貢獻

許多細微的變化，同時在這所教會各處發生。像是提供早餐、義診，或者是補助金的申請等。

之所以把它們全都視為「細微的變化」，是基於以下四個原因：

①並未動用教會資金；

②無需變更教會的活動或內容；

③不是由教會牧師發動，而是由一般教友發起的活動；

④並未勾勒出意圖的目標，或是為了達成某目標的發展過程。

透過研究團隊的訪談得知，每個細微變化中，都沒有想讓教會發生激進變革的意圖。教會產生的變化既非意圖達成，也沒受人期待，但卻是激進式的，而且連教會所處的環境都被改變了。

這樣的變化，就是不符合通論的異常個案，值得當成「不可能發生」的現象而特別留意。因為在這所教會裏發生的變化，呈現與「激進式變革無法緩慢發生」「根本的變化並非累積細微變化逐漸達成」「由位居最高位者刻意促成變化」等傳統觀點相反的傾向。

那麼，初期的細微變化究竟是如何擴大，而讓組織產生根本的變化？

經過研究團隊不斷分析後，他們導出以下結論：

① 細微的變化，受到教會所處的背景狀況影響而增幅；
② 細微的變化，因教會相關人等的行為而增幅；
③ 細微的變化，也因背景狀況與行為的交互作用而增幅。

他們認為是先有細微變化之後，使這些變化增幅的機制開始發揮作用，逐漸引起根本的變化。

造成變化增幅的脈絡

引起最初變化的背景狀況，原本就屬於很不穩定的狀況。那是個容易引發創新行為或細微變化，而且容易與劇烈變化結合的狀況。

具體來說，首先是教會面臨**日漸衰敗的急迫感**。這所教會原本有大筆來自奉獻的資金，也擁有豐厚的資產，但包括具影響力的人士在內，教友人數不斷減少。結果到後來，連足以維持日常運作的現金流都發生問題。

其次，教會的**領導力不穩定**。一九九五年時總部派遣了一對夫婦共同擔任牧師，但在那之前的三年內，共換了二位前任牧師。此外，夫婦共同擔任牧師是個不尋常的做法，教友們也深感困惑。

性質定位上也有問題。牧師們在前述免費早餐活動前，就已經呼籲會眾們避免排他性，以增加教友。由於談到也應該接納同性戀者，因此造成意見對立。「我們有些願景，想引領大家前進，但結果並不如人意。」有位教友表示。這個「教會不再服務上流人士」的變化，造成許多教友不安。

發生在教會性質定位上的矛盾、衝突與糾葛，使得舊恨又重現。

一九六四年時，這所教會曾經為了某個問題，摃上教派總部。總部要求「任何教會均不得以種族為由拒絕任何教

友」，但這所教會的牧師卻與鼓吹人種差別待遇的種族主義團體三K黨（Ku Klux Klan）領導者站在同一陣線，抗議這項要求。雖然教會最後還是順從了總部的要求，但當三K黨前領導者過世之際，這所教會用他的名字為禮拜堂命名。

　　發生性質定位問題後，掛著三K黨領導人名字的禮拜堂，遭人投以疑慮的眼光。

導致變化增幅的行為

　　教友與領導者的行為，也讓最初的變化增幅。像是由內科醫師提供的星期天義診活動，讓醫師的專業以及藥品這種**全新的資源**被帶進教會裏。然後，他對同為醫師的教友呼籲共襄盛舉，也造成變化增幅。

　　向市政府申請補助也是一樣，以教會名義申請，意味著教會管理者認可這一連串活動是由教會正式參與。

　　獲得補助的教會，活動內容愈來愈豐富，設備獲得更新，儀式用的服裝間被拿來做為眼科診所，更衣室被用來做為淋浴室，管風琴手休息室成為醫師的辦公室，幾間教室被改裝成衣櫥室。

　　發展到後來，教會終於以補助款為基礎，設立日間照護中心。遠多於補助人數的遊民來到日間中心，這個城市也愈來愈依賴這間教會。

　　讓細微變化正當化的**言詞**，也擴大了那個變化。言詞是映照人心的鏡子，把內心的思維投射到現實世界。而言詞為變革賦予意義。

　　調查團隊進行訪談之際，也確認教會相關人員使用的言詞有一定的傾向。牧師與教友們開始使用「端正」「全人」「重生」「恢復」等詞彙，這些都代表著激進式變革。

　　不單是言詞，把整個活動導向新方向的**象徵行為**也變得

醒目。

　　象徵行為指的是，足以傳達超出該行為意義的行為。

　　像是有一次，這所教會的牧師被邀請參加一個由企業鉅子及地區領導人們聚集的早餐會。當天，牧師帶著十二位遊民（象徵十二使徒的別具意義人數）出席這場光榮的聚會。這行為的意義並不在於「一起用早餐」。地方報大幅報導這件事，標題為「遊民出席菁英早餐會，把現實拋給鉅子」（Homeless Crash Breakfast, Leave Elites a Reality Check.）。這個行動，如今已成為該教會的傳奇故事。

　　也有些矛盾衝突因為象徵行為而被消除。刻著三K黨領導者姓名的禮拜堂名牌，被融掉後重鑄成聖餐式中使用的杯子，捐贈給一間非裔美國人教友聚集的姐妹教會。「聖餐杯是個象徵，表示即使原本是卑劣、憎恨與醜惡，也能變為愛與美。」某位教友這麼說道。

異常導出的含意

在不穩定的背景狀況下，細微的變化會誘發其他細微變化，造成變化增幅。而這樣的變化方式，對向來主張領導力重要性的通論，投下一個問號。

管理學的通論強調若要造成激進式變革，必須仰賴領導者的功能以產生變化、做為變革的開端。然而普洛曼團隊看到的領導者，卻是抓住細微的適應變化，以言詞善加表達它。

像是牧師們在醫師診療病患之際，也用教會的座右銘「實踐正義」來支持這項行動。牧師們擅長使用言詞，能為發生的變化賦予意義，讓它具體成形。

牧師們身為領袖扮演的功能，以當時而言正是為發生的變化「賦予意義」，而非如同過去對領導的相關研究所主張的「指示變化方向，或是催生出變化本身」。牧師夫婦接受「人智所不及」的世界，不是阻止星期日免費早餐這種嘗試，而是在驚訝中接受。他們視驚訝為創造的機會，不是使用目標、計畫、預算、策略之類的傳統管理工具，而是使用言詞與象徵，為當時發生的變化賦予意義，維持組織的一貫性。用這種方式，讓變化的模式首尾一致，成功減少對組織成員而言的模糊與不確定性。

立足學術巔峰的研究風格

行文至此，描述的是細微變化增幅所帶來的激進式變革過程。研究團隊在這個調查裏慎重地蒐集資料、仔細地進行分析。經過這些努力，才能斷言這則個案是「偏離通論」的個案。

具體的研究方法，包括在訪談時對所有協助調查的受訪者準備了共通的提問項目。提問內容並非是只要回答「是」或「否」即可的封閉式問題，而是針對「什麼事」「誰」「何時」「何處」「如何」做詢問，能讓受訪者回答自己看法的開放式問題。

訪談都做錄音，並謄寫成文字。所有訪談都是由二位研究人員同行，在訪談後相互確認事實與印象。

記錄方式依據知名個案研究權威史丹佛大學教授凱薩琳・艾森哈特（Kathleen M. Eisenhardt）規定的方式進行[6]。

- 於二十四小時以內製作詳細的訪談紀錄。
- 在訪談中得到的資料，必須一字不漏地留下紀錄。
- 以調查人員的整體印象，對各個訪談紀錄做出結論。

---

6 Eisenhardt, K. M. 1989. Building theories from case study research. *Academy of Management Review*, 14:532-550.

避免菁英偏誤與回顧偏誤

接下來，團隊非常用心仔細避免發生各種偏誤。首先，他們留意避免因為出現調查研究人員這種外部人，造成受訪者做出與平常不同的行為。為了把影響控制到最小，他們只在最低限度內揭露自己的資料，盡量不張揚、不顯眼。

菁英偏誤是指蒐集資訊之際，通常只向組織的正式代表者們，也就是職級居上位者蒐集資訊，所造成的認知偏誤。普洛曼團隊為了避免菁英偏誤，對參與教會與日間照護中心工作的所有人員都進行訪談。對於發現的事實，由複數資訊源做重複確認。也由研究團隊的其他夥伴，一起對發現的事實或結論進行推敲、檢視。

而為了避免**回顧偏誤**，團隊下了不少工夫。由於人類的記憶其實相當不牢靠，所以即使詢問誰在何處做了什麼，也不能保證得到的資訊是精確的事實。此外，如果詢問的是原因和結果，由於人們會以符合目前認知的方式解讀過去發生的事情，因此，不見得能問出那個人當時原本的所見所感。

為了避免這種回顧偏誤，團隊把訪談結果與發生事情當時的紀錄資料相互比對，以確認事實狀況。關於訪談，能夠即時蒐集資訊當然最理想，但實務上卻很少能夠做到，有時得放寬為在事情發生後一定期間（像是半年）以內蒐集資訊的方式處理。

　　普洛曼團隊的調查由於是在發生變化後已過半年以上才開始進行，為了避免偏誤，他們採取幾項對策：

- 採用自由作答的方式。
- 對複數受訪者提出同樣的問題，以獲得佐證支持。
- 使用次級資料補足訪談紀錄。

　　所謂的自由作答，是讓資訊提供者自由描述過去事情的手法。請受訪者不說任何記憶模糊的事，想不起來的就誠實以告。如果採用的是相反的強迫回答方式，由於受訪者必須回答所有提問，可能使受訪者強迫自己回答出其實並不怎麼有把握的答案。

歸因的順序

他們的分析程序也相當系統化。首先針對這則個案，評估應透過什麼樣的觀點進行分析。在仔細推敲各種檢視組織用的「透鏡」（lens，意指分析方法）之後，最後這篇論文選的主題是「組織變革」（關於這一點，詳情後述）。

接著，他們以得自訪談或報紙報導等的資訊為基礎，將發生的事情依時間序列整理，製作編年史，由參與調查的五位研究人員分別依自己的解釋記述故事。

比對五個人寫的故事後，會發現有解讀相同的部分，以及解讀相異的部分。普洛曼團隊針對引起組織變革的因素深入討論，聚焦於大家意見一致的要因，也就是四個背景狀況要因，包括**衰敗的急迫感、矛盾衝突、領導力、性質定位**，以及三個行為因素，包括**資源的獲得、言詞的活用、象徵的行動**。

他們並不是只把它導成假設。為了取得這些要因是否確實是引起激進式變革的要因的佐證，他們一字一句地重新檢視訪談資料與報紙報導等資料影本，挑出與四個背景狀況要因及三個行為因素有關的發言，在確認其內容的同時，並計算它們的數量（詳見**【圖表2-2】**）。

像是假如訪談紀錄中，有位教會職員表示：「新牧師們改變了信仰宗旨。」就把它歸類到**領導力**的範圍，加總在引

用數中。如果有一位職員表示：「需要更多的協助與資金，而教會有一層目前沒在使用的樓層。」就把它歸類為**資源的獲得**這項行為因素，加計在引用數中。

把文字資訊歸類為概念的轉換作業，叫做**編碼**（coding）。普洛曼研究團隊以二人一組負責一個訪談的方式，把記錄下來的發言全都依概念歸類。這個方法稱為**雙碼方式**（dual-coding），預先決定先編碼的人和下一位編碼者主之後，開始進行作業。

之所以特地由複數調查人員進行編碼，自有它的理由。理論上，不管由誰來做概念歸類的動作，應該都要得到穩定的相同結果。但如果只由一個人編碼，無論如何結果都會變得不穩定。所以該研究為了避免這個問題，採用了由二人進行編碼的方式。

由二位編碼工作人員針對他們自己去做的訪談，分別對訪談發言進行分類。然後二人相互比對，針對發言分類有歧異的部分，一直討論到能取得雙方同意的結果為止。如果無論如何都無法達成共識，就把它由分析資料中刪除。研究團隊以這個方法對所有的訪談紀錄（二十二人）做概念歸類的作業，也用同樣的程序對有關教會的報紙報導進行編碼。

【圖表2-2】編碼的詳細內容

變化的增幅要因 （概念分類結果）	訪談發言 引用數	報紙報導 引用數	觀察對象
背景狀況（脈絡）			
衰敗的急迫感	28	1	行政主管會議上的討論
矛盾衝突	84	16	遊民的爭鬥、公園的警察、日間照護中心的規則、行政主管會議上的討論
領導力	74	3	與遊民的溝通、對電視訪問的配合、教會宣傳小冊
性質定位	112	16	行政主管會議上的討論、與領導者們的集會
行為			
資源的獲得	105	6	關於主管與工作人員間接費用的對話、行政主管會議上的討論、活動內容的擴大
言詞的活用	32	8	名片、廣告板、教會資產、與領導者的見面、教會宣傳小冊
象徵的行動	30	16	領導者與遊民的溝通、做為遊民代言者的領導者、原本是遊民的教會行政主管、貼在市區的地圖

筆者改寫自Plowman et al.（2007），p.525

　　最後的結果，如【圖表2-2】所示。觀察對象從行政主管會議到宣傳小冊種類多樣。他們由觀察中取得紀錄，或是拜訪教會對關係人做訪談後，把蒐集到的資訊轉成文字進行編碼。

【個案研究重點整理】

　　普洛曼團隊的研究自是值得讚賞，但實務界人士該從這篇最佳論文裏學到什麼？我認為，是「找出相對於通論或業界常識的異常個案」的重要性。

　　事實上，把異常個案視為**有意義的異常個案**而發掘出來，不是件容易的事。的確，看到這所教會進行的活動，無論什麼人都會覺得感動。聽完那些歷史脈絡的故事，應該會感到這則個案相當特別。

　　但大多數人，也許在聽完故事的時點就覺得滿足了。或者是雖然有所感動，但心裏對自己說的是：「那樣的事，我大概做不到啊。」也有人會以「畢竟那間教會比較特殊」的方式，為整件事畫下句點。像這樣的人們對這件案例的理解，大概就只停留在「因為它特殊」而已。這樣的結果，只是無意識地把它視為「不過是個例外」。

　　這種處理個案的方式，是在面對個案之際很容易陷入的一個陷阱。單純只以「能不能做到同樣的事」這種角度下判斷，即使有機會接觸到優異個案，也無法獲得深入的學習。

　　那我們要怎麼做，才能不落入這種陷阱，由個案獲得深度的學習？

　　首先，我們要在小事上也尋找感動與驚訝。如果感

到某種感動或異常等任何感受，就不能把該個案視為
「純粹只是例外」而草草結束。從那樣的個案裏，反
而一定能學到什麼東西。即使認為是例外，也要從那
例外裏發掘出價值的態度，十分重要。但是，要如何
才能做到這樣？

我為大家準備了一個檢查表。首先，請各位先自問
以下幾個問題：

- 你對那件事的什麼感到驚訝？
- 為什麼覺得感動？
- 它與一般情況如何不同而顯得特別？

透過這三個問題，我們可以把「稍微的感動、無
意識的感動、難以言表的感動」轉變為「有意義的感
動、能察覺的感動、可分析的感動」。以和本書內容
相關的角度而言，就是無論多小的一件事，也能做為
個案研究的對象。

如此一來，就能進行以三個步驟分析個案：

- 這樣的特別，造成什麼結果？
- 這樣的特別，為何能夠實現？
- 這樣的特別，對自己所在的產業、組織運作或
  工作而言，具有什麼樣的意義？

這三個問題，正是個案分析三步驟。

首先要思考的是，「特別」究竟造成什麼結果？接下來，要分析「特別」得以實現的背景狀況。這對未來自己要參考這則個案進行什麼行為之際，會很有幫助。最後，則是確認這樣的機制能否由自己去實踐。

無論是學術研究或是出於實務目的的個案研究，找出它對自己而言的特別，是挖掘出一則個案價值的出發點。以下介紹為了達到這個目的的二個重點。

重點一：察覺「異常」現象

第一個重點，就是要擁有有能力把例外視為異常的素養。

為了發覺某現象偏離常軌，前提是必須先知道通論（也就是市場或業界常識）是些什麼樣的內容。

以普洛曼的研究團隊而言，正由於他們對管理學理論的深度理解，才能發覺這則個案的價值。一般程度的學者即使遇上這則個案，說不定只會覺得故事本身引人入勝，不會感到它是個「不可能的現象」；換句話說，也就是不見得能察覺到「累積細微變化導致的激進式變革」的特別之處。

在商業實務上也一樣。能否重視「察覺」而懷疑常

識，其實非常重要。假設你是一位非酒精飲料研發人員。你有一天在居酒屋，看到有人酒後拿寶礦力水得（Pocari Sweat）來喝，你有感到什麼嗎？如果看到家人在感冒發燒時喝，你覺得如何？

雖然它是運動飲料，但不見得只限在運動之際飲用（相反地，在運動以外的情況下喝運動飲料的人不在少數）。三得利（Suntory）的研發團隊由這些個案中，察覺出「補給淨化」這個原本沒有發覺的需求，由此開發「DAKARA」體內平衡飲料。

在那之前的運動飲料，強調的都是運動時夠補充水分；但是，DAKARA主打的則是去除體內累積的有害物質、吸收必要的維他命與礦物質這個概念（詳見野中郁次郎、勝見明合著的《創新的本質》（繁體中文版二〇〇六年由高寶國際出版，原書名『イノベーションの本質』）。

當感到有什麼異常時，千萬不要隨意放過。這時必須對「一般而言應該會這樣」的通論，具有深入且冷靜的理解，再加上對通論的若干問題意識。

即便是達爾文，也是在回到英國之後，才發覺在加拉巴哥群島與南美發現的小鳥、陸龜或植物所蘊含的意義。在與當時的常識及通論相互比對、把特別之處明確化、解開謎團的過程中，觀察紀錄發揮關鍵功能，自不待言。

重點二：找出檢視個案的最佳「透鏡」

此外，必須具備檢視個案的透鏡，也就是觀點或視角，找出透過什麼樣的透鏡審視才能提高個案的價值。

事實上，普洛曼研究團隊也針對應該用何種角度來分析這則教會個案，進行審慎的評估。他們重新檢視所有二十二個人的訪談資料，把每個發言都分類到某個主題。以大分類而言，觀點可以是組織的變化、架構、目標使命與願景、性質定位、解釋、挑戰、社會與情緒的狀況、業績、外部夥伴、溝通等十大類。

其中，他們之所以最後選定以組織變化為主軸，是因為他們認為透過組織變革這個觀點，能把這則個案的價值提升到最高。因為這個主題有許多子分類，無論內部或外部的訪談資料都與這個主題有關。

因為勇奪最佳論文獎，可說他們當初做出正確的判斷；但是，如同這篇論文提到，除了組織變化之外，至少還存在著其他九個有意義的觀點值得分析。

在實務上也是相同。即使只是一則個案，卻有無數能從中學到的事情。更何況是能讓人感到某種興奮的個案，更應該含有某些關於自己或所屬組織問題的觀點。如果可能，建議各位讀者不要獨自找尋觀點，要像這個研究團隊一樣，用複數雙眼睛尋找「能產生價值的透鏡」。

第三章

報社轉型決策的扭曲現象

面臨威脅的慣性法則

請各位讀者試著想像。

深夜裏，你聽到有人在呼救。從窗戶向外看，竟然看到路上有位女性正遭到施暴。住在附近的人，似乎也有一些人發察覺這件事。

這時，你會怎麼做？

我想應該有許多人表示他們會「報警」等，採取些諸如此類的行動。但實際上，許多人卻什麼都沒做。

一九六四年，紐約發生「凱蒂·吉諾維斯（Kitty Genovese）事件」。一位名為吉諾維斯的女性，一邊大喊著「救命，有人要殺我！」「殺人啊！」，一邊逃命。

但在她最後被殺死的三十五分鐘之間，沒有任何一個人報警。即使是冷漠的紐約，這也是件「不可能」的事。

根據警察局公布的資料，目擊者總共有三十八人。

據聞《紐約時報》（New York Times）記者詢問這些目擊者為何沒報警，他們表示：「不知道」「不敢報警」「以為只是情侶吵架」「不希望無端捲入」等。

為什麼沒有人做些什麼，拯救這位女性？

有一個以現今社會而言無法想像的原因在於，當時全美國並沒有「九一一」（台灣的一一〇）這種統一的緊急報案電話，警察局的電話號碼各地區不同。人們也覺得，一旦報案，警察為了確認真實性，會遭查問。

但即便如此，整整三十五分鐘，都沒有人伸出援手做任

何事。這件事被刊上報紙，對全美國造成巨大衝擊。負責採訪的《紐約時報》記者與編輯室，雖然提出一些原因，但也指出「漠不關心」這個可能性。然而，這只不過是個假設。

二個實驗

這個「因為漠不關心所以沒有採取任何救助行動」的看法，是由一九六四年紐約住宅區某一天深夜的這種狀況下，只發生過一次的個案推導出來的假設。在同樣的情況下是否又會發生相同事情，或是在稍微不同的情況下，事情會怎麼演變，都不為人所知。即使希望重現同樣現象進行觀察，但研究人員不可能意圖重製出同樣現象。

因此，研究人員能做的，只有以實驗室般可控制的狀況，刻意重製出類似的現象，或是在真實世界裏尋找是否曾在其他案例裏發生過類似的現象。前者的方式對應到實驗室實驗法，後者的方式則對應到自然實驗法。

①實驗室實驗法

實驗室實驗法是在變因受控制的環境下，去檢驗假設的適當性、確認已知的事實，或是測定某現象的有效性。實驗室實驗法通常會在有如實驗室般的封閉環境中，以人為方式製造出實驗條件，去除非目標變因的影響性，以推定因果關係。

為了解開凱蒂‧吉諾維斯事件之謎，學者也做了實驗室

實驗[1]。

實驗過程是，先以「協助調查」的名義召集受測者（學生）。然後，由一位女性研究人員對這些受測者問一些看似認真，其實對實驗無關緊要的問題。當受測者開始回答後，那位女性研究人員藉故到隔壁房間去，然後在那裏演出一場「狀況」。

從隔壁房間裏，傳來文件落地、椅子翻倒的聲音，然後有人不斷呼喊：「好痛，我的腳不能動了。」當然，這並不是現實發生的事情，只是播放錄音帶而已。

對跛著腳走回來的女性研究人員，學生們會有什麼樣的反應？研究人員把一百二十位被實驗學生分成以下四組進行實驗：

①只有受測者單獨自己
②彼此是朋友的受測者一起
③彼此不認識的受測者一起
④與知道這是實驗、刻意什麼都不做的暗樁一起

分成這四個群組的意義相當單純。其中，「①只有受測

---

1 Latane, B., & Rodin, J. 1969. A lady in distress: Inhibiting effecting of friends and strangers on bystander intervention. *Journal of Experimental Social Psychology*, 5:189-202.

者單獨自己」，表示周遭沒有人會影響被實驗者的判斷。在這情況下，受測者將純粹按照自己的判斷行動，有70％的人採取了某種方式的救援。接下來，在「②彼此是朋友的受測者一起」，他們也不會顧慮別人，容易以自己的常識判斷做出行動。這個群組，也有70％的人出手救援。

然而在「③彼此不認識的受測者一起」的情況下，他們似乎就會觀察別人的反應，並受其影響。相較於自己單獨一人之際，較無法直接採取自己覺得該做的行動，做出救援行動的受測者只有40％而已。最後，如果是與④靜靜地繼續回答問題的暗樁一起，只有7％的人會出手救援。

做了這個實驗室實驗的社會心理學者比伯・拉塔內（Bibb Latane）與約翰・達利（John M. Darley），似乎覺得實驗結果相當符合預期。他們提出「人在決定自己的行動時會觀察別人的反應，並且由於別人的存在，會使責任被分散」的看法。然後，他們把人們因為他人的存在而使自己的行動受影響的這個現象，命名為**旁觀者效應**（bystander effect）。

他們在自己的研究論文裏也提及凱蒂・吉諾維斯事件。他們的結論是，「並不是因為有別人，所以什麼都沒做；相反的，正是因為有別人，所以沒有人去做什麼。」

實驗室實驗法的最大優勢，就在於可控制背景狀況。像拉塔內與達利的實驗也一樣。除了有無其他人同席以及同席者的角色類型以外，其他變因都被控制到完全相同，所以他

們可推論導致受測者行為出現差異的原因，在於「其他人的行動」。

②自然實驗法

榮獲一九九八年諾貝爾獎的挪威經濟學家特里夫·哈維默（Trygve Magnus Haavelmo），把實驗室實驗法形容為「人類想做的實驗」，並把自然實驗法形容為「在大自然這個龐大實驗室裏不斷產生，而人類只能當個旁觀者的實驗」[2]。「當個旁觀者」這句話聽起來似乎很消極，但他的本意卻是在表達，人類應該積極地從那裏面汲取些什麼。

社會心理學的教科書，幾乎都以拉塔內與達利的「旁觀者效應」來說明凱蒂·吉諾維斯事件之謎，甚至已可稱得上是一種定論。

但話說回來，凱蒂·吉諾維斯事件的實際脈絡與拉塔內等人的實驗室脈絡並不相同。實驗室實驗法雖可控制脈絡，但並不必然能與實際的脈絡完全一致。

曾榮獲新聞界最高榮譽的普立茲獎（Pulitzer Prize）的亞伯拉罕·羅森索（Abraham M. Rosenthal），以記者角度

---

2 Anderson, E. T. & Simester, D., 2011. A Step-by-Step Guide to Smart Business Experiments. *Harvard Business Review*, 89 (3):98-105.

寫下描述凱蒂‧吉諾維斯事件的《三十八位目擊者》（暫譯，原書名 *Thirty-Eight Witnesses: The Kitty Genovese Case*）[3]。這本書把當時的脈絡，描寫得非常詳盡。

讀完這本書，會發現警察報告的目擊者三十八人這個人數，略嫌誇大。其實真正目擊事件的人有可能只有數人，其他大部分可能只是聽到呼叫聲而已。如果這是事實，事件的脈絡就與拉塔內等人的實驗有微妙的差別。

實驗裏，受測者聽見吵鬧聲和呼救聲時，能夠相互觀察彼此的反應。但在實際的事件中，除了所見、所聞的內容會出現分歧外，也無法相互觀察其他人究竟採取了什麼行動。

具體而言，即使看到附近鄰居臥房的燈亮起來，也無法知道那位屋主到底有沒有報警。因此，無法完全用「受到沒報警的鄰居」影響，導致自己也沒報警來解釋。雖然有隱約的責任分散效果，但對於「因為其他人也沒做什麼」的說法，卻留有疑問空間。

事實上，根據採訪這個事件的記者表示，沒報警的理由以「不關心」「不想受牽連」佔絕大多數，沒有人回答「以為有別人去報警了」。

實驗室裏能把脈絡單純化以便控制，但是，前述的狀況

---

3 Rosenthal, A. M., 2008. *Thirty-Eight Witnesses: The Kitty Genovese Case*, Melville House.

之下，無論如何卻也都無法觀察到平常生活中的自然反應與行為。也許，想調查人類在複雜社會中的自然反應與行為，只能以個案方式觀察實際發生的事情也說不定。這也就是「去找到適當的個案，把它視為自然產生的實驗」的概念。在一本關於管理學研究方法的傑出著作裏，也這樣表示[4]：

> 為了做出種種推論，研究人員能做的，就只有選擇並觀察做為分析對象鎖定的個案而已。在這樣的觀察研究裏，是透過對個案的選擇，進行相當於在實驗室裏控制變因的作業。

像是凱蒂・吉諾維斯事件就能成為一個自然實驗。如果在其他類似的脈絡下又發生同樣的「不可能發生」的事件，那也可能成為自然實驗的素材。所以，如果想針對這個事件追加自然實驗，該做的就是去尋找是否有其他「沒有人伸手救援」的個案，再針對這些個案去調查，只有獨自一人之際發生了什麼情形，跟朋友在一起時發生什麼情形，有其他陌生人一起在場時又發生什麼情形。

這種時候，每個找到的個案，都被視為「自然發生的實

---

4 田村正紀《研究設計：經營知識創造的基本技術》（暫譯，原書名『リサーチ・デザイン經營知識創造の基本技術』，白桃書房，二〇〇六年）頁七二

驗」。如果在同樣的狀況下發生了同樣的事，就視為它的相對關係並從其他的實驗重複確認與檢驗。並非漫不經心地在旁觀察，而是透過刻意的觀察，以獲得有益的洞察。

重複實驗的邏輯

　　所謂重複實驗，是把他人曾經做過的實驗，又用同樣方式做一次的實驗。像是如果是「旁觀者效應」的重複實驗，就是在其他國家或地區做完全相同的實驗，或者是演出別的危機狀況做實驗，調查是否會發生相同的結果。像這樣的實驗，被稱為**水平重複實驗**（lateral replication）。以第一章裏提及的物體是否浮於水的實驗為例，就相當於驗證是否只要是又大又輕的東西，無論形狀是骰子形或金字塔形都能浮起來。

　　也有另一種實驗，是刻意設定一個可預測該關係不成立的狀況，確認是否如預期般不成立的實驗。這種實驗被稱為**確認邏輯的重複實驗**（logical replication）。以第一章的實驗為例，就是確認「又大又重」或「又輕又小」的物體無法浮在水上。

　　個案研究在定位上被認為等同自然實驗法。所以從個案中導出的原因與結果的正確性，不是基於統計學邏輯，而是基於實驗邏輯。統計學基本上會以增加觀測數量的方式確認其正確性，但在實驗觀點的個案研究裏，其正確性則是透過對情況的控制，確認是否發生預期的結果。相較於調查樣本的數量，更重要的是實驗邏輯。

　　以第一章的實驗為例，「會不會浮於水面，由比重比水

重或比水輕決定」的這個邏輯，非常重要。正因為有這樣的
邏輯做為假設，才能用少數的實驗就確定出真理。

　　依據重複實驗的概念，即使可觀測到的案例不多，也可
能足以確認假設的適當性[5]，是適於尋找例外的「看似不可
能」的現象發生機制的方法。

　　在社會科學領域裏，重複實驗概念的重要性，自一九七
〇年代起就不斷被提倡[6]。而這個概念獲得管理學領域的理
解，可說是在那十多年後的事[7]（但即使如此，至今仍有強
烈的聲音認為，要蒐集脈絡間的類似性足與重複實驗匹敵的
個案，幾近不可能）。如今，奠基於重複實驗概念的研究已
在全球最權威的管理學會獲得評價，並勇奪最佳論文獎。

5　Yin, R. K., 1994. *Case Study Research: Design and Methods* [2nd ed.]. Sage.

6　Cook, T. & Campbell, D. T., 1979. *Quasi-Experimentation: design and analysis issues for field settings*.

7　Eisenhardt, K., 1989. Building theories from case study research. *Academy of Management Review*, 14 (4): 532-550.

《美國管理學會期刊》二〇〇五年
最佳論文獎得獎論文

接下來，要為大家介紹的，是由哈佛大學的克拉克・吉伯特（Clark G. Gilbert）針對**組織慣性**（organization inertia，另譯為**組織惰性**）所做的研究[8]。

所謂慣性，指的是「物體未受外力時，會保持原本運動狀態」。像是地球的自轉運動，就是慣性的典型例子。只要未受外力影響，物體靜者恆靜、動者恆動。慣性正是這樣的性質，且物體的質量愈大，慣性力也愈大。

組織的慣性，基本上也是相同。只要未受外力影響，組織的運動也會以相同方式不斷持續。然後組織愈是巨大，慣性被認為就愈強。

組織與物體的不同處在於，外力不會照原本的方式發揮作用。由於組織是擁有意識的人類（及其行為）的集合體，所以若不經過人類的認知與行為，組織的運動就不會改變。即使組織面臨到過去從未存在的巨大變化（也就是即使受到外力），只要成員沒把它視為是威脅，就什麼都不會發生。就算感到威脅，如果不採取行動，還是一樣什麼都不會發生。

---

8 Gilbert, C. G., 2005. Unbundling the structure of inertia: resource versus routine rigidity. *Academy of Management Journal*, 48 (5): 741-763.

當組織面臨到過去從未存在的巨大變化、也感到它的威脅之際，會怎麼反應？是會修正自己的做法，或是相反地更堅持過去的做法？針對這一點，學會裏出現二種不同的見解。

● 慣性弛緩：主張當感到威脅時，組織的慣性會變弱，促使變革發生。

● 慣性強化：主張當感到威脅時，組織的慣性會變強，阻礙變革進行。

支持**慣性弛緩**（本書的稱法）的研究人員，主張組織會因感受到威脅這個契機，促使策略或組織進行修正。他們認為當業績惡化，主張改變策略的形勢就會變強。確實，在一帆風順的環境下，人不大容易想「改變」。

相對的，主張**慣性強化**（本書的稱法）的人，則認為當組織感到威脅時，會促使管理部門強化，變得更加集權、作業程序變得形式化及標準化、實驗性質的行動被壓抑。依某項研究結果，當組織面對威脅之際，會變得害怕損失，不願嘗試新的機會，固執於現有的優勢。

為什麼會出現如此大相逕庭的見解？

吉伯特指出，見解之所以相異，是因為沒有徹底整理「關於什麼的慣性」所導致。也就是說，某些種類的慣性會因為威脅而弛緩，某些種類的慣性卻會因為威脅而被強化。

結果，依著眼之處不同，得到的見解就不同。

對於這樣的情況，本書以「扭曲現象」稱之。如果在某些層面變得弛緩、某些層面卻被強化，見解迥異乃是理所當然。吉伯特透過訪談調查、分析企業內部資料以及直接觀察會議等方式蒐集資訊，以重複實驗的邏輯為這個見解找到佐證，勇奪最佳論文獎。

所謂扭曲現象，並不是僅限於學會內部爭論的問題。如果在組織裏促進某些部分變革的同時，卻又妨礙其他部分的變革，勢必將造成員工困惑。「為什麼我們的公司決策不一致？」員工應該會覺得很不可思議。因此，整理慣性的種類，在實務上也非常重要。

慣性共有二種。一種是關於經營資源分配方式的慣性，也就是**資源僵固性（資源守舊）**。當這種慣性太強時，將無法執行新的資源分配模式，可能造成資源不斷投入優勢事業，但對兼具未來性及風險的事業卻難以進行投資的狀況。

另一種，是關於業務運作的慣性，也就是**慣例僵固性（程序老套）**，也可解釋為如何運用經營資源、如何獲利的商業模式慣性。當這種慣性太強時，將妨礙組織流程的變革。

吉伯特對一九九〇年代面對數位化衝擊的美國報紙產業進行個案研究，分析各種慣性分別如何變化。調查對象是成立網路新聞的報社，共對四間母公司旗下合計八間報社進行了個案調查（詳見【圖表3-1】）。

　　面對數位化、網路化這種外部威脅，現有的報社是如何改變（或者是未加改變）自己的資源分配與獲利模式？以下筆者將一邊介紹吉伯特提出的假設，一邊對重複實驗進行詳細的說明。

得獎原因

《美國管理學會》二〇〇五年最佳論文獎

　　吉伯特的論文對一項極為重要的疑問進行調查，那個疑問就是：「當面對足以改變產業狀態的非連續變化時，為何有這麼多組織，在自我改革上失敗？」

　　吉伯特以面對數位媒體抬頭的報社為樣本，發掘出對威脅的強烈認知在促使組織克服「資源僵固性」（像是進行追加投資）的同時，卻也強化了「慣例僵固性」（像是對可能引發革新的人嚴加管理）的現象。藉由明確區分「資源分配僵固性」與「慣例僵固性」，吉伯特聚焦於過去見解的相異處，提出如何克服此種混亂的方法。非連續變化是組織日益重要的問題，而他的研究無論在理論上或實務上，都做出了巨大的貢獻。

（*Academy of Management Journal* 2006, Vol. 49, No.5, 875-876.）

受威脅而改變的資源分配變化

吉伯特的假設一：當面對威脅進逼時，經營者能克服資源分配模式的慣性。

根據了解，美國媒體清楚地感到網路新聞對現有報紙造成威脅，是在一九九七年至一九九八年左右。當時報紙的主流載體仍為紙本，無論讀者或廣告主都尚未對網路新聞有所需求，但報社經營團隊已有相當大的危機感。

吉伯特透過訪談調查及企業內部資料，調查那些做為調查對象的報社是否意識到威脅。

調查結果得知，包括大型報社在內的幾乎所有報社經營團隊，都擔心在數位化衝擊下，使環境發生自己無可阻擋的變化。「因為網路的影響使利潤減半」「原本由報紙提供的徵才、不動產或汽車廣告，約六成將被網路搜尋取代」「能減緩它的速度，但無法阻擋」等悲觀意見佔大多數，經營團隊開始焦急了。

調查的八家報社中，有七家感受到網路的威脅。這七家的每一家都在組織與財務方面，強化對網路事業的參與。即使網路事業的赤字擴大，仍持續投資。在感受到威脅的二年內，幾乎所有企業對網路的支出都飆高到三至四倍。

【圖表3-1】調查對象

母公司 （化名）	報社 （化名）	日報 發行量	發行範圍	員工數
路標時報集團	《路標時報A》	25萬	地方	45人
	《路標時報B》	20萬	地方	20人
通訊時報集團	《通訊時報A》	50萬以上	廣域	100人以下
	《通訊時報B》	40萬	廣域	60人
評論時報集團	《評論時報A》	50萬以上	廣域	100人以下
	《評論時報B》	20萬	地方	32人
晨間時報集團	《晨間時報A》	50萬以上	全國	100人以下
	《晨間時報B》	30萬	地方	41人

引用自Gilbert (2005), p.743（經筆者簡化）

　　分配給網路事業的員工人數也增加。某家報社在一九九八年裏的八個月間，把該部門人員由五人擴編到四十人。不只資金和人員，在調查及會議上也耗費大量時間。雖然原有顧客仍繼續購買紙本報紙，但公司對新事業的投資愈來愈加速。

不受威脅而改變的獲利慣性

吉伯特的假設二：當感到威脅進逼時，由於權限委任或積極的實驗受到抑制，聚焦於既有經營資源，造成組織運作僵化。

與資源分配方式呈現對比的，是獲利模式（慣例僵固性）。業務流程或獲利方法，非常難以改變。

似乎由於對威脅的感受太強烈，導致本部的介入程度過高。決策由遠離現場的本部決定，管理變得更加嚴格。公司變得執著於過去有過實際成績的獲利方式，實驗性的嘗試難以伸展。

本次調查的報社中有六間，決策權限被由現場事業部門轉移到總公司。大部分策略變成由總公司的管理部門（事業開發部、執行長或新設的網路事業總負責人）控制。有位由總公司進行管理的經營階層這麼說道[9]：

> 「我們握有經營各事業部的基本經營模式。我們提供他們資金，如果他們有必要，我們也准許他們僱用人員。但是，下達命令的是我們。」

---

9 本章引用的所有訪談內容，皆出自前述Gilbert（2005）。

　　這間公司原本是現場自律性很高的公司。但針對網路事業，本部在積極投資的同時，也徹底掌控業務管理，是那種「出錢也給意見」的參與方法。

　　像這樣的模式，在其他樣本中也可見到。有間公司的執行長決定把旗艦報紙的網路事業，由自己個人統籌。

　　另一間公司，則是把網站營運限制在嚴格的預算計畫與行銷計畫下。在網路新聞上參與網站營運的高階主管表示：

> 　　「我們被指示所有人都要集中在網路事業。但總公司那邊的人有他們的計畫，而他們被那個計畫限制住，走進死胡同。即使我們知道我們在眼前的市場一路失敗，卻沒辦法改變什麼。」

　　像這樣的集中管理，往往妨礙網路事業的積極實驗。像是某家公司的網路事業，原本打算嘗試與過去不同的收入來源，但被總公司否決。所有行動，都被既有的銷售策略、商業模式以及服務計畫所束縛。

方向錯誤卻繼續前進

再加上似乎由於投資的速度太快，反而造成行動難以變更。要是一開始跑錯方向，持續的資源投入只不過讓這個錯誤的傾向更加嚴重而已。雖然諷刺，但這樣的行為簡直是「方向盤轉錯方向，但是繼續踩油門」。

實際上，由於資源擴大速度實在太快，造成組織運作的慣例或商業模式未被修正，以結果而言，反倒遭總公司的做法牽著鼻子走。人員增加、支出也擴大，但結果卻是產生和原本一模一樣的報紙商業模式。

結果，幾乎所有的報社做出來的，都是有如複製紙本報紙般的服務，也就是把刊載在地區報紙中的內容一模一樣地貼到網路新聞上。八家報社中，有七家的網路新聞只不過是報紙的擴張，網站裏有85％以上的內容是沿用自紙本媒體。

一位報社執行長這麼說：

> 「話說回來，把網路新聞想成紙本媒體的延伸，真是一大錯誤。我們的網路服務是由報社的新聞編採室老鳥負責營運，而身為編輯的他們，都傾向於把網路服務視為傳統報紙的延伸。」

這樣的僵固性不只出現在產品，也出現在商業模式上。網

路新聞不是只靠廣告收益,而是一種能有多種獲利方式的媒體。像是搜尋過去報導的資料庫、電子郵件行銷或資料分析等服務,都能賺取收入。

　　根據吉伯特的調查,來自產業外部的新加入者活用這個特性,平均確保五種新收益來源,並成功地把新收益來源佔全體收益的比重提高到40％以上。

　　相對而言,既有報社的網路事業收益來源,則純粹來自銷售收入與廣告收入二種而已(除了一家公司例外)。結果,既有的報社根本看不到熟悉的業務以外的模式,不曉得如何賺錢。

威脅認知與扭曲現象

吉伯特以重複實驗的概念進行個案研究，結果發現，八則個案裏有七則個案確實感受到威脅，而其中六則個案發生了**扭曲現象**。

沒發生扭曲現象的個案一共有二個。這二則個案由於情況略有不同，因此分別解說如下。

首先，其中《晨間時報A》，從一開始就沒有把網路事業視為「威脅」，反而視為「機會」。

《晨間時報A》是全國發行的報紙，不是地方報紙。但在全國報紙中，市場占有率並不高。正因如此，他們強烈感受到可利用網路傳輸的優勢，降低流通及印刷成本。

再加上這間報社原本就不大依賴紙本媒體擅長的徵才、求職、買賣廣告。因此即使推動網路業務，也不用擔心侵蝕紙本市場。不只是資源面，連營運面都發生**慣性弛緩**，也不需要大驚小怪。這個結果，以邏輯方式支持了吉伯特的假設（**確認邏輯的重複實驗**）。

另一間案例，是在感受到網路事業是「威脅」（**威脅認知**）的情況下，採取不同因應方式的企業。那是《通訊時報B》的網路事業。《通訊時報B》雖然感受威脅，但並未發生**扭曲現象**。之所以如此，有個特別的理由。

【圖表3-2】威脅引發的慣性弛緩

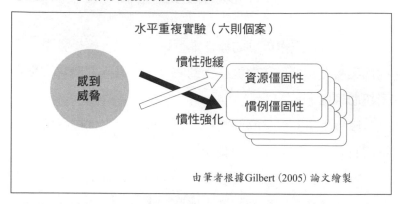

由筆者根據Gilbert（2005）論文繪製

【圖表3-3】機會造成的慣性弛緩

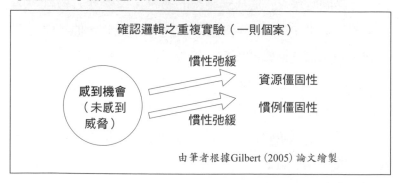

由筆者根據Gilbert（2005）論文繪製

洞察自例外個案的扭曲消除法

《通訊時報B》的經營團隊原本和其他報社一樣，覺得網路服務是一種和紙本媒體沒有太大差別。但《通訊時報B》與其他既有業者不同，未把網路服務做成紙本報紙的複製品。

原因在於這家公司的執行長個人，接受了來自外部網絡的建議。

身處報紙產業之外的人，並沒把網路單純視為紙本媒體的複製品。聽取矽谷友人及顧問建言的執行長，在擬定策略時引進了外部意見。他僱用一批擁有在矽谷從事新媒體事業經歷的高階主管，構思獨立的事業計畫。

【圖表3-4】獨立帶來的慣性弛緩

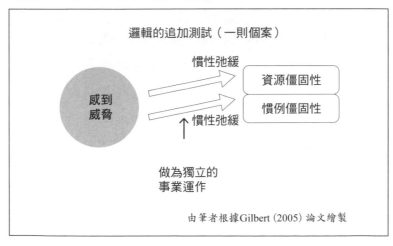

由筆者根據Gilbert（2005）論文繪製

　　事業計畫成形，雖然新的新創企業是百分之百子公司，但卻是個獨立於報社之外的組織。由外部聘請精通新媒體的經營者，也聘僱人員設立網路廣告專責部門。為了打出與報社不同的形象，他們建立獨立的品牌，還把辦公室設在離紙本媒體辦公室超過一英哩遠之處。辦公室裏雖然安排幾位由報社借調來的人員，以保持和新聞編採室的重要合作，但網路新聞無論在物理面或營運面，都與原本的業務區隔。

　　這個網站從一開始，就提供與紙本報紙不同的地區新聞與資訊，內容有50％以上有別於母公司的報紙。網站裏有紙本媒體上看不到的專欄，也提供數位媒體特有的互動工具（即時交通路況攝影機、可搜尋的資料庫、雙向論壇等）供用戶使用。

　　關於與既有紙本媒體的差異，一位編輯這麼說：

　　　　「如今，和報紙相同的畫面只佔全體的三分之一，逐漸變成獨立於報社之外的公司。我是來自報社的人，我深愛報紙。但我們已經是不同的集團，用不同的方式做事。母公司報紙的報導當然是重要資訊來源，但我們也從其他公司購買報導的內容。」

　　在收入來源方面，這個網站也加進與過去不同的其他服

務，包括付費閱覽過去報導的資料庫服務、電子郵件行銷，以及付費的資料分析服務。相對於其他報社的新事業連要加入一個新收益來源都很困難，這個網站卻成功增加了三個。也許這個網站確實沒有完全由產業全新加入的業者那麼創新，但成功地確立了新的商業模式。

那麼，除了《通訊時報B》以外的七家報社，在設立新事業之際，難道沒有評估把網路新創事業設為獨立組織嗎？

外部意見的重要性

吉伯特的假設三：一旦必須決定該如何因應斷續的變化時，如果有來自外部的影響等，把新創事業設為母公司之外的獨立組織的傾向將會提高。

根據吉伯特的調查，事實上，所有報社都對這一點進行非常審慎的評估。但最後實際把它設為獨立組織的，只有《通訊時報B》。除了《通訊時報B》以外的報社，都更著重與既有紙本媒體的綜效，決定把事業設在母公司中。像是某間公司一九九〇年的網路事業計畫裏，有這一段記載：

> 「為了強力推出新服務，有必要與既有報紙做徹底的整合。如果做出設為獨立公司的實驗，可能遭受致命打擊。」

另一間公司也同樣這麼表示：

> 「我們的基本策略是整合策略。在地方的資訊市場，還是以報紙佔有優勢。網路部門與報紙徹底切割，等於是捨棄這個優勢。」

　　就這樣，除了《通訊時報B》以外的七家網路新聞，都走向報紙與網路整合化路線的道路。

　　但到了最後，裏面有半數推翻了當初的決定。採取整合化路線的七家公司中，有四家最終把網路新創事業獨立出去。

　　獨立出去的四個網站，全都受到來自外部的經營者或外部合作夥伴的影響。有的是由來自外部的員工與經營者提出強烈要求，有的被威脅如果不獨立為報社以外的組織，就不繼續提供協助。

　　相對而言，剩下的未受到外力影響的三個網站，則一直整合在報社裏面。

　　讓事業獨立，能使它更容易追求網路模式的事業機會。「獨立之後，過去未曾擁有的網路事業獨特業務機會，也變得能夠嘗試。」有位網路事業的主管這麼說。

宛如做實驗般的個案研究

讓我們來整理一下到目前為止的內容。【圖表3-5】彙整八家報社是否因為感受到數位化的威脅,而打破慣性、推動變革。

以假設一而言,除了《晨間時報A》以外的另外七家報

【圖表3-5】三個假設的重複實驗

$\nearrow$=慣性弛緩　　$\searrow$=慣性強化

報社 (化名)	威脅認知	假設一 資源 分配慣性	假設二 獲利慣性	假設三 外力影響與 獨立傾向	
《路標時報A》	○	$\nearrow$ (水平)	$\searrow$ (水平)	無 (整合)	$\rightarrow$ 有 (獨立)
《路標時報B》	○	$\nearrow$ (水平)	$\searrow$ (水平)	無 (整合)	$\rightarrow$ 有 (獨立)
《通訊時報A》	○	$\nearrow$ (水平)	$\searrow$ (水平)	無 (整合)	$\rightarrow$ 有 (獨立)
《通訊時報B》	○	$\nearrow$ (水平)	$\nearrow$ (邏輯)	有 (獨立)	
《評論時報A》	○	$\nearrow$ (水平)	$\searrow$ (水平)	無 (整合)	
《評論時報B》	○	$\nearrow$ (水平)	$\searrow$ (水平)	無 (整合)	
《晨間時報A》	× 機會認知	$\nearrow$ (邏輯)	$\nearrow$ (邏輯)	無 (整合)	
《晨間時報B》	○	$\nearrow$ (水平)	$\searrow$ (水平)	無 (整合)	

Gilbert (2005), pp.748-50(內容經筆者編輯)

社，都因為感受到威脅而產生**慣性弛緩**，讓新的資源分配成為可能（**水平重複實驗**）。

以假設二的獲利方法而言，感受到威脅反而造成**慣性強化**。在讓資源分配成為可能的同時，卻也讓商業模式僵化。這個假設，由六家報社網路新聞的水平重複實驗中獲得驗證。

有所不同的，只有《通訊時報B》和《晨間時報A》二家。而這二則個案，也都具備合理的說明。《晨間時報A》因為自始就未感到網路興起造成紙本媒體的威脅而是把它視為機會，因此造成相反的結果，在邏輯上也合理。《通訊時報B》則是自始就讓新組織擁有獨立性、避免了「扭曲現象」，所以能弛緩慣性。這二則個案，可說由「確認邏輯的重複實驗」獲得假設的證實。

最後，假設三則是正如預期，當有來自外部的建議之際，就能成為獨立的組織營運。也有一開始是採取整合路線，但後來接受了外部建言而轉為獨立的個案。相反的，沒有建言就會一直停留在企業內部做為一個部門一事，也獲得確認。看來，自外部聘僱的人如果不出聲，就無法發展成獨立的運作模式。這並沒有例外。

吉伯特的研究讓個案研究有如實驗般，精彩地進行了重複實驗。學術論文裏能做到如此明確重複實驗的例子相當少，但以自然實驗法的概念選擇個案，讓我們更深入理解用其他方法無法調查的現象。

立足學術巔峰的研究風格

　　吉伯特的研究不愧獲得最佳論文獎的頭銜，以接近理想調查設計的方式進行。

　　首先，為了徹底控制狀況，他選出的個案是幾乎在相同時期由紙本報紙成立的八家網路新聞。

- 紙本報紙的發行量在二十萬份到五十萬份左右。
- 各報都分別是當地區的龍頭，競爭壓力低。
- 各地區網路普及率雖有差異，但差距不到10%
- 各報的網路服務始於一九九四年到一九九六年之間。

　　如果狀況差距太大，會讓事情變得複雜。畢竟雖然研究核心聚焦在「威脅認知」，但其他因素（事業規模或當地區的網路普及率）也可能影響報社的決策與行為。既然個案研究有如自然為我們準備的實驗，各個實驗體（＝個案）所處的狀況，也必須相同。

　　其次，在這個研究裏，失敗個案也被做為調查對象。吉伯特本身並未使用「成功」與「失敗」這二個形容詞，但為了對照，選擇了四家革新的新創與四家保守的新創，做為研究材料。

　　研究失敗個案是一件相當困難的事，因為當事人往往不

願提起，造成無論資訊的質或量，都會受到影響。但不做比較對照、純粹由成功個案中挖掘原因，可能會誤判真相。很多人會認為只要在成功個案中找出共通因素就夠了，但我們也必須確認，是否失敗個案中，的確不存在那個成功的共通因素。

第三，在這個研究裏，研究人員從與經營團隊的訪談或事業計畫書等高度機密的內部資料等蒐集資訊。主要資訊來源有三，分別是訪談、企業內部資料以及直接觀察。訪談總共做了六十二次（其中十一次為電話訪談）。訪談對象則包括母公司、報社以及網路新創事業的資深主管。

過去的記憶很令人意外地，信賴性並不高。為了避免偏誤，研究人員相互比對來自複數資訊提供者的資訊，或用公開資料（一百五十件）等做為佐證。

企業內部資料方面，使用了許多存檔資料。那裏面連網路事業的計畫書、內部筆記、顧客名單等。直接觀察方面，也觀察了二十四件。

第四，以嚴格的程序導出假設並做驗證。做為初探性調查，研究人員首先比較一對革新的網路新聞與保守的網路新聞，再從該比較中導出假設，確定該如何觀察那八個網路新聞個案。觀察的重點就是提出的假設。分析個案資料，依歸納法的方式把它與相關文獻連結。最後再用剩下的樣本進行重複實驗，以確認找出的關係。

【個案研究重點整理】

吉伯特一邊控制狀況，一邊選定可用來比較的理想個案，蒐集充分的資訊，透過嚴格的程序讓「扭曲現象」浮現。研究的高完成度獲得學會高度評價，因而勇奪最佳論文獎。

然而，商業實務界人士的目的並不是在於「獲獎」，而是在必要的時點儘可能獲得高精密度的判斷材料，把它運用在實踐。所以接下來，讓我們來思考二項重點。

重點一：重複實驗的概念

第一個重點是，以自然實驗法的概念進行重複實驗的重要性。重複實驗只要掌握到訣竅，並不是那麼困難。只要在腦中建立假設、進行觀察就可以。

不管是誰，都應該有過覺得「如果這麼做會成功」「如果那麼做會失敗」的經驗。只要把這種感覺轉化成明確的論述，觀察各種個案，確定自己的假設是否正確就可以了。

假設你覺得「好的領導者要能授權給部屬」。對於深深相信「領導者必須在任何場合都下達明確指示，引

導部屬前進」的人而言，這是個「不可能存在」的想法。

為了驗證這個假設，你應該每看到好的領導者，就觀察他是否有授權給部屬。「這個人有授權」「那個人也是」，如此這般。以這樣的方式，不斷進行重複實驗。

如果邏輯明確，就能用更少量的個案導出更確實的結論。像是「對於具有一定能力與動機的屬下，與其從外部給他詳細的指示、以利益引誘他，不如讓他感到工作的價值與趣味，更有效果」一般的假設，也沒有關係。

如果不是把焦點放在「以什麼為目的選定個案」，而是純粹關心「能分析到多少個案」，將會導致你在未明確定義要觀察什麼的情況下，盲目蒐集個案；對結論的說明也變成事後諸葛般地硬塞亂湊。為了避免這樣的情況，「把假設明確化後再進行觀察」的概念，非常重要。

但是，也不可因為想重複證明的假設很明確，就一面倒地只蒐集符合自己假設的個案。如果著眼於結果去找尋個案，無論如何都只會留意到那些符合自己結論的案例。你該著眼的，反而是個案所處的狀況與該個案的性質，是否符合某些條件。在相同狀況下具備

這些條件的個案，當然應該出現同樣的某種結果。用這樣的思維去選擇個案，之後再關心結果。

在資訊方面，即使是一般就能取得的書籍或雜誌報導，也應該足以提供相當程度的資訊。

只要身處在該產業，時常留意觀察，就可蒐集到相當多的資訊。也許能像吉伯特的研究般到處去訪談經營團隊的機會罕有，但如果只是想訪問深入瞭解事情的人，很簡單就能做到。

學術研究無法把非正式資訊做為證據提出，但實務界的目的則是希望獲取對自己的業務有用的啟示，無需做成論文公布，所以即使是非正式資訊，也應善加運用。

重點二：重複實驗後的洞察

第二個重點，是重複實驗未能順利進展時的考察。以前面那個例子而言，隨著蒐集資訊、觀察多元的領導者，應該也會遇到不符合最初假設的個案。

永遠授權不見得一定好。有時候，在有些情況下，也可能會有需要居上位者強勢領導、下達明確作業指示，才能順利解決的情形。

　　遇到這種個案之際，你的處理方式就相當重要。未能獲得期望中的結果時，必須徹底思考它的理由。

　　那麼，具體上應該如何對什麼做考察，才能獲得更確實的啟示？

　　關鍵應該是在於，「在什麼樣的時候和情況下，什麼樣的領導力會有效」的背景脈絡。

　　你必須依據邏輯把情況分開，思考「這種情況時授權會有效」「反之的情況則嚴格的指示會有效」。如此一來，就能看出「對於沒有動機也沒有能力的人，給予明確指示的那種領導方式會有效果」。

　　吉伯特的研究正是區分這種情況，並得到「感受到威脅」與「感受到機會」的情形有明確差異的結論。

　　提倡在實務領域裏進行自然實驗法的艾立克・安德森（Eric T. Anderson）與當肯・席梅斯特（Duncan Simester）在〈用商業實驗找出獲利模式：科學化決策時代〉（A Step By Step Guide To Smart Business Experiments）（譯注：本文繁體中文譯稿刊載於二〇一一年三月號《哈佛商業評論》〔HBR，*Harvard Business Review*〕，遠見天下文化出版）這篇論文中表示[10]：

---

10 Anderson, E. T. & Simester, D., 2011.

確認和分析自然實驗的關鍵，是找出某些外界因素在自然的情況下創造出的實驗組與對照組，而不是特別為實驗才組成的群組。

不斷從事水平重複實驗，其實沒有太大意義。應該找出邏輯上可預期會發生相反結果的個案，以不同角度進行驗證。各位千萬記得，以自然實驗法的概念進行的個案研究，重要的是邏輯，而不是數量。

第四章

好萊塢如何發掘編劇人才
無意間判斷對方的雙重歷程

　日本出版界有一位人稱「創刊男」的創業家，他就是曾在瑞可利（Recruit）參與過十四件專案，催生出眾多領導潮流刊物的倉田學。他仔細聆聽粉領族、工程師、大學生、女高中生等各類型讀者「沉默的聲音」，創刊出六本資訊雜誌；他也以企業內部創業家身分，成功開發出八個事業的行銷專家。

　倉田在四十五歲時離開瑞可利，成為玩與學公司（株式会社あそぶとまなぶ）的代表人兼董事，同時也是活躍業界的經營管理顧問。

　我也曾有過機會直接與他談話。關於調查，他提到一些相當有意思的見解，其中最讓人印象深刻的，是關於訪談的方法。倉田表示，他在訪談時，一定會選擇在對方的生活空間裏進行。而所謂的訪談，也不採取那種正式、嚴肅的模式，而是像聊天一樣，以相互有來有往的方式進行對話。據他表示，在對方的工作現場，以不經意的口吻說：「我可以稍微問個問題嗎？」有時比較容易聽到真心話。

　他曾表示[1]：

　　「是空間舒適的『雷諾瓦咖啡』好呢，還是平

1　倉田學《瑞可利「創刊男」的暢銷發想術》（暫譯，原書名『リクルート「創刊男」の大ヒット発想術』，日経ビジネス人文庫，二〇〇六年），頁六九

價的『羅多倫咖啡』？是禁菸的『星巴克』好呢，
還是下班後去居酒屋？（中略）讓對方最能自在表
現出『自己』的場所。總之，以『對方的地盤』
為準，如果是女高中生，就選在速食店二樓的位
子。」

他又說，還要更進一步依據訪談對象的穿著打扮或散發
出的個性，改變自己的應對方式。

「用對等方式愉快談話嗎？」
「稍微製造點高壓的氛圍，以業界專家的態度
面對他嗎？」
「不，也許慢慢地挑動對方自尊，然後再引導
發言比較好。」

他表示，要像這樣進入對方的生活空間，一邊互相聊
天，一邊挖掘出想要的資訊。所謂生活空間，指的是那個人
能覺得自在的環境。想問出顧客的真實需求，就要到接近他
平常消費現場的環境訪談，如此一來，對方也能無拘無束，
甚至忘了別人正在訪談自己。

順便一提，企業裏最常見的訪談情景，多是在由白牆與
辦公桌組成的會議室裏，用彼此隔著桌子問話的這種最糟糕

的對面式訪談。在這種遠離現場的特殊環境裏，即使想問出當事人意見，也難挖掘出真心話。即使聽到某些期望需求，完全依照那個需求去做出來的，也往往不會是熱銷商品。因為人們在這種環境下，很容易刻意只講表面話，或是在無意識中採取了不同於實際的行為。

倉田流行銷的重點在於，當你想要掌握事物的本質之際，應該選擇能讓對方打開心房的環境與安排，而不是用正經嚴肅的訪談調查。他表示，有些黑天鵝只有在對方能像平常般行動的現場環境裏，才能夠發現。

這一點，在學術上也是一樣。學術研究也把由現場觀察、並從旁訪談的方式，視為理想的做法。這一章裏，我將為各位介紹透過**實地研究**（field study），找出意外事實的方法。

《美國管理學會期刊》二○○三年最佳論文獎得獎論文

接下來介紹的研究論文，是一篇關於現場觀察及訪談調查的理想範本。

專家是以什麼樣的思考流程判斷一個人的創意潛力？加州大學戴維斯分校副教授金柏莉·艾爾斯巴（Kimberly D. Elsbach）與史丹佛大學教授羅德瑞克·克瑞默（Roderick M. Kramer），把目光聚焦於一個舉世公認「發掘創意人才」是其重大課題的業界[2]。那就是以影視產業聞名於世的好萊塢。

好萊塢有個讓編劇推銷自己創意的宣傳（pitch meeting，字面意思是投球會議，也稱為試鏡會、選題會或自我推薦會）。擔任「投手」的編劇，在宣傳會裏向等同「捕手」的製作人或電影公司高階主管「投出」自己的創意。由於幾乎所有投手都是尚未有任何成績的無名之輩，因此負責接球的捕手，只能透過面談過程判斷投手的創意潛力。由於劇本也會影響製作費，所以捕手的判斷非常重要。

艾爾斯巴與克瑞默近距離觀察宣傳會進行狀況，並做訪

---

2 Elsbach, K. D., & Kramer, R. M., 2003. Assessing creativity in Hollywood pitch meetings: Evidence for a dual-process model of creativity judgments. *Academy of Management Journal*, 46 (3): 283-301.

談，研究實際上電影出資者如何判斷編劇的創意。美國管理
學會對二位學者的研究給予極高度評價，頒發最佳論文獎，
評語如下：

得獎原因

《美國管理學會期刊》二〇〇三年最佳論文獎

　　艾爾斯巴與克瑞默定性的**實地研究**，讓專家們用來
判斷編劇創意的**原型**（prototype）浮上檯面。作者們以
深入的見識細心設計研究，提出了足以觸發思考的結
果。他們的論文，刊載二〇〇三年六月發行的《美國
管理學會期刊》。

（*Academy of Management Journal* 2004, Vol. 47, No.5, 631.）

　　這篇評語雖然簡短，但內容包含二個重要的關鍵字。一個
是**實地研究**，以往關於創意的研究，幾乎都是在實驗室以學生
為對象進行。出示藝術家臉部照片、請實驗對象說出符合該人
士的形容詞（像是「熱情」或「與眾不同」等），用這種方式
調查人們判斷創意的**認知架構**（recognition framework）。艾爾
斯巴與克瑞默則透過現場的背景脈絡，確認出實驗裏發現的
現象是否也符合現實世界。

　　另一個關鍵字**原型**。實驗室調查裏，已經證實了人們心
裏存在著「創意人」的原型。像是有個人深信史蒂夫·賈伯

斯（Steve Jobs）正是創造天才的象徵，當有天他遇到一個
行為或談吐類似賈伯斯的人，就會認為那個人也富有創意。
賈伯斯就是所謂的原型。原型會被用來評斷他人的創意，形
成一個人心中對於創意人的意象，成為往後判斷的基礎。

二元評價模型

正式介紹這個研究前，先讓筆者說明基本概念。

當捕手在評價投手的創意潛力時，首先會觀察他們的特性，包括外貌與行為舉止等，然後把它與自己心中某個「原型」相較，藉以推估投手的創意。

像是當投手是個「熱情」「超乎尋常」「行為無法預測」的人時，就極可能被判斷為「藝術家」（artist）類型，認為他富有創意（詳見第154頁【圖表4-1】）。但如果投手的外貌或舉止讓捕手感到這個人「光說不練」或「重視形式」，他大概就會被歸類為「不適任作家」（nonwriter）類型，認為此人創意潛力不夠。

除此之外，對創意的判斷還有一個令人驚訝的標準。艾爾斯巴與克瑞默的研究，最大貢獻就是提出「另一個判斷過程」，這個過程若非親自觀察「投捕之間」的互動或訪談，絕對無法發現。

最後，他們提出「這二個過程同時發揮作用，以判定創意」的二元評價模型。

該研究的特徵，是實際訪談活躍於好萊塢的人們。其中引述許多相當有趣的說法，本書將詳細介紹。

評斷創意潛力

富有創意的個人，是組織中不可或缺的角色。具備創意的個人充滿知性與幽默感，是組織裏公認的最佳領導者。此外，提高產品與服務的品質、下達適當決策、善於解決問題，也都是創意的應用。因此，無論何種組織，都希望能僱用具有創意的人才。

然而，要錄取具有創意的個人，並不是件容易的事。直接錄取一位已有實際表現、在同事間也已建立風評的人，難度並不大；但是，不見得永遠都能順利找到這樣的人。事實上，實際情況往往是要在一個人還沒有任何成績的階段，就得由資方進行審查。

世上有許多用來評估一個人是否具備創意的心理測驗工具，但絕大多數未被使用。美國在聘僱專業人員之際，似乎也很少運用這類心理測驗。即便做了測驗，也往往較重視面試時的印象。結果，還是依據面試做出主觀的評價。

是否除了主觀評價以外，就沒有其他評斷個人創意的方法？管理學領域裏，幾乎從來沒有以體系化方式推敲創意評價方法的研究。在學術圈內，對於應該用什麼樣的屬性或行為做為「線索」去評斷創意，也意見不一。

正因如此，艾爾斯巴與克瑞默才開始對「專家如何判斷別人創意」進行研究。

第一個判斷過程：人物分類（人格特質的原型）

不限於創意，身處社會群體裏的人類，究竟如何判斷其他人的特性？在思考這個問題之際，有一個可供參考的理論叫做**社會判斷理論**（social judgment theory）。該理論認為，人類在判斷其他人的能力或特質時，會比較自己心中的**原型**之後再行評斷。深諳如何判斷一個人創意潛力的喬瑟夫・卡索夫（Joseph Kasof），對「天才」有以下描述：

> 「聽不見的作曲家、大部分身體僵硬的物理學家、從身無分文變成富翁的創業家、七歲的作曲家、無師自通而成就劃時代發現的年輕科學家、既貧困又有心理疾病又從未受過正統訓練的畫家等。這些創作者不是純粹由於他們的創造成果，也因為身心或環境的不利條件，而被認為是天才[3]。」

無論用的是偉大的作曲家貝多芬也好，或是物理學家史蒂芬・霍金（Stephen W. Hawking）也罷，我們都會以某個具體人物為基礎，在內心裏描繪出一個「天才」的形象。那

---

3 前列Elsbach & Kramer (2003), p.292；卡索夫的原文出自於Kasof. J. 1995. Explaining creativity: The attributional perspective. *Creativity Research Journal*, 8:311-366中的 p.317。

個形象將在無意識間成為原型，當我們有朝一日看到某種特性或行為模式接近該原型的人物之際，就會瞬間想起「天才」。

有意思的是，同樣的機制也被用在「不具創意的人」身上。所謂不具創意，並非不符合「創意人」的原型，而是我們會在心裏存在一個「不具創意的人」的原型，符合那個原型的人，就會被我們判斷為「沒有創意」。

編劇（創意人）的七種原型

接下來，我將一邊列出好萊塢「捕手」（製作人或製片公司高階主管）與「投手」（編劇）之間實際的對話內容，一邊介紹他們的原型。

導出對方所屬的原型並給對方貼上標籤（歸類）的過程如下：

① 仔細詳查分別來自訪談、「投球」紀錄、「投球」課程與書籍的資料，挑出關鍵字，尋找當他們在評估創意之際，什麼特性可能會成為「線索」。

② 在訪談、實地觀察、書面化資料這所有三個資訊源中，都被認為對創意很重要的「線索」，就成為更確實的證據。像是「熱情」在三個資訊源裏都受到重視，所以判定它是帶來高創意的證據。相對的，只要在訪談、觀察或書面化資料的任何一項中無法得到確認，即使做為證據，也被認為只有中等程度的確實性。

③ 依據受訪者使用的言詞，為原型命名。像是從「這個人是說書人的一種」或是「這個人會在投球時一邊編織故事」的言詞中，擷取出「說書人」這個原型名稱。

根據分析結果，顯示投手「富有創意」的線索，包括以

下關鍵字:「與眾不同」「超乎尋常」「熱情」「極端」
「深不可測」「幼稚」「有劇情」「作家風」「富於機智」
「擁有超凡魅力」「自然」「搞笑」。

相反的,顯示投手「不具創意」的線索,則被歸納成
「光說不練」「虛有其表」「厭煩」「絕望」這四大關鍵字
(詳見【圖表4-1】)。

編劇(創意人)的原型至少有七種:

原型一:藝術家(artist)

各位是否知道伍迪・艾倫(Woody Allen)?他是才華洋
溢的編劇,也是導演又是演員。他以一九七七年的電影作品
《安妮霍爾》(*Annie Hall*)拿下奧斯卡獎(最佳導演、最
佳原著劇本並獲最佳男主角提名),之後分別在一九八六年
以《漢娜姊妹》(*Hannah and Her Sisters*)與二〇一一年以
《午夜・巴黎》(*Midnight in Paris*)奪下最佳原著劇本獎。

以神經質而知名的伍迪・艾倫似乎不喜歡奧斯卡獎,從
未出席過奧斯卡頒獎典禮。但他在九一一恐怖攻擊次年的二
〇〇二年頒獎典禮追悼企劃中,在沒事先告知的情況下突然
現身典禮中,當眾宣布他將在深愛的紐約再次拍攝電影,獲
得滿場喝采。

談到藝術家的原型,很容易就會立刻聯想到伍迪・艾

【圖表4-1】人物分類：編劇（創意人）的七種原型

編劇（投手）原型 （prototype）	線索（cues）	捕手眼中的投手創意潛力
藝術家 （artist）	與眾不同、超乎尋常、深不可測、幼稚、熱情、極端	高
說書人 （storyteller）	有劇情、作家風、富於機智、擁有超凡魅力、自然、搞笑、深不可測、熱情	高
運籌者 （showrunner）	擁有超凡魅力、富於機智、熱情、態度自然	中
新鮮人 （neophyte）	熱情、年輕、幼稚、極端	中
老練工人 （journeyman）	作家風、老梗電視劇、態度自然、照規矩來	中
交易商 （dealmaker）	擁有超凡魅力、傲慢自大、商業主義	中
不適任作家 （nonwriter）	光說不練、虛有其表、厭煩、絕望	低

Elsbach and Kramer (2003), pp.290-91（部分摘錄）

倫，這種無論外表或行為都不符合某種定型也不按照社會常規行事的代表人物。好萊塢世界也一樣，當投手表現出與眾不同、偶爾透露出不安的樣子時，可能讓捕手覺得「這個人具有某種內在世界」。有位製作人這麼回憶道：

> 「有時候，其貌不揚的編劇（投手）寫出來的劇本，反而讓人驚豔。因為他們有個自己的內在世

界，會一頭栽進去。他們會把那寫出來成為原稿，
但不會浪費時間研究發表簡報或出席活動時如何才
能顯眼等事情上[4]。」

艾爾斯巴與克瑞默將上述情形命名為「伍迪・艾倫效果」。普遍上，我們常認為與實際創意相關的是自信與優秀的溝通能力，不沉穩等特質會妨礙創意。但有意思的是，電影公司的專家們在評斷投手的創意之際，有時反而鎖定與通論相反的特質（欠缺優雅或不沉穩），去進行判斷。

原型二：說書人（storyteller）

打破常規、與眾不同，並不是一切。暗示某個人具備作家技巧的線索，對富有創意的原型而言，也相當重要。專家們看到投手中有人不經意地表現出作家風格（像是隱喻或詩文等時），會把那投手歸類為富創意的原型。那個原型，就是「說書人」。是一種顯示那個人是「擁有高度概念的寫手，是具理論且富戲劇性的族類」的原型。

像是有位編劇在宣傳會開口說話時，不是只描繪劇裏的光景，而是以連嘈雜聲或味道都詳加表達的方式，勾勒出充

4　本章引用的所有訪談內容，皆出自前述Elsbach & Kramer (2003)。

滿戲劇畫面。這就成為被歸類為「說書人」的線索,被期待
擁有高度創意。有位經紀人這麼說:

> 「我真正尊敬的編劇,可說是那種屬於非常愉
> 快的說書人般的人物。即使初次見面,他也會跟對
> 方暢談什麼是劇本宣傳、聊起開場的場面。他不是
> 說『這是關於一對男女的故事』,而是用『是的,
> 有一個男人和一個女人。二個人開著車,突然,從
> 後面被撞擊了!』這種感覺在說故事。這時,聽眾
> 應該會像觀眾一樣,發出『哇!』(Wow!)的聲
> 音。」

原型三:運籌者(showrunner)

不只擅長說故事,還能在電視或電影工作中與所有人合
作愉快的執行製作或節目統籌,會被歸類為「運籌者」,這
是「既能創作也能管理(電視節目或電影)的創意型領導
者」的原型,受人期待有中等程度的創意。

運籌者具備超凡的魅力與專業手腕,能善於掌控共同作
業。因此雖然在創意方面沒有「藝術家」或「說書人」那麼
高,但在好萊塢卻受到高度評價,被視為珍寶。有位高階主
管如此形容運籌者代表的意義:

「擁有優秀的點子，很重要。把這個點子說給別人聽，也很重要。可是，要讓它成為一場真正的秀，又是另一件重要的事。電視網所要的，是要能寫劇本、能宣傳，還能做好掌控電視劇集節目這種高難度工作的運籌者。」

原型四：新鮮人（neophyte）

有些時候，經驗不足又尚未被充分淬鍊，反而是優勢。因為這表示那個人純真、天真無邪，能帶來新鮮感與獨特性。如果有年輕投手雖然經驗不多，但對自己的點子傾注熱情、親身參與專案，也許就會被歸類為「新鮮人」的原型，被期待擁有中等程度的創意。

「新鮮人」是顯示那種「擁有新鮮想法的年輕作家，但缺乏實戰經驗的族群」的原型。有位老經驗製作人這麼說：

「許多創造出全新表演的人，是仍不諳世事、天真純樸的人。正是因為手法純真，才會去做那樣的嘗試。」

原型五：老練工人（journeyman）

有一種編劇，他的創意潛力並不高，但經驗豐富。發生問題之際，他能圓滿地處理；那是被稱為「老練工人」的族群。這個原型是顯示「概念水準低，但擅長執行並熟悉商業之道的作家」的原型，被認為創意屬中等程度。

被歸類為老練編劇的投手，能在需要臨時寫出既有電視劇集或符合某種電影模式的劇本之際，發揮重大功能。在其他同業投手眼裏，這類型的編劇是這樣的人：

> 「老練工人在這一行形同臨時編劇，是在這個產業打滾超過二十年的人。三十多歲的年輕人不想跟他一起吃中飯，因為在一起也沒什麼樂趣。但心裏對這位編劇卻相當敬重，感謝他提供許多幫助。雖說不見得想把他擺在身邊，但當遇到困難的狀況時，把寫劇本的任務交付給他們，他們一定不會失敗。」

原型六：交易商（dealmaker）

有個相較於劇本或藝術，更會與商業或效率連結在一起的原型，那就是「交易商」。交易商是顯示「以商業化方式

宣傳、兜售他人點子的族群」的原型，該說是一種富有商業
才能的交易仲介人。被歸類為這個原型的投手，會被定位成
到處銷售其他編劇作品，或和其他編劇們一起共同作業的
人。

交易商類型的編劇熟悉業界專有名詞、擅長商業宣傳、
對簡報充滿自信。有位交易商這麼說道：

> 「就像醫生說：『我能治好你的關節炎，要不
> 要聽我說說？』一樣，我會去尋找電視公司的弱
> 點，告訴他們：『我知道解決你們每週二晚間八點
> 檔問題的方法。』然後，把如何解決問題的流程告
> 訴他們。」

交易商是經驗相當豐富，並富有才能的職業人士。但一
般而言，他們被認為較欠缺創意。他們與藝術家類型不同，
被視為較缺乏獨持性與才能，是種一成不變的編劇。

原型七：不適任作家（nonwriter）

在宣傳會上，捕手有時會抓到「缺乏創意」的線索。這
種人，就會被歸類到「不適任作家」的原型去。「不適任作
家」是顯示「缺乏做為作家的才能，是以數字宣傳的族類」

的原型，是不被視為可當職業編劇生活的人們。

被歸類為不適任作家的線索，包括：

① 缺乏對自己想法的熱情；

② 宣傳手法過時；

③ 只會說些冠冕堂皇的表面話；

④ 難以令人期待。

只要在宣傳會議的早期階段被看出這些線索中的任何一項，捕手就會把那個人歸類為「不適任作家」。一開始受到的負面評價非常難以顛覆，針對在後半段挽回大局的難度，有位捕手這麼表示：

> 「第一印象很重要。如果編劇連自己的想法都不相信，或是太逞強、只有外在沒有內涵的話，就無法好好傳達概念。一開始沒表現好，想在後面的宣傳挽回大局，非常困難。」

「投手」也可能因為微不足道的線索或行為，遭「捕手」歸類為「不具創意」。有位「捕手」回憶起二位沒有機會成為編劇的「投手」碰面時的情景：

> 「我曾跟兩位女編劇見過面，她們戴著高價而做工精細的帽子。在自己家中窩在電腦前寫劇本

時，沒有人會用那種裝扮，那並不是真正的編劇會
做的事。」

發現不理想的特徵，似乎比找出理想的特徵來得容易。
因為不理想的特徵，更容易取得眾人認同。評估一個人時，
「不具創意」的特徵相對被聚焦，正是因為這個緣故。

第二個判斷過程：關係分類（互動模式的原型）

由以上分析，讓我們明確瞭解到**社會判斷理論**所主張的內容確實正確。它佐證了即使是專家，也和實驗室裏的學生一樣，會把眼前人物與存在心中的原型相互對照後，判斷那個人的創意。

然而，艾爾斯巴與克瑞默發覺，依據與對象相關的原型做出判斷的過程，並不是全部。他們從自現場蒐集的訪談資料中，發現了捕手令人意外的行為。

那就是，捕手會在宣傳會時觀察自己。捕手表示，「我在聽編劇宣傳時，也會相當在意自己本身的反應」。不是只注視正在投球的對方，而是也望向正在接球的自己，檢視自己到底有多投入。這以某個意義而言，是一種「不可能」的事情。

說得簡化一點，捕手以「今天的我相當投入。能讓我這麼融入的那個人，肯定相當富有創意」的方式做出判斷。或者是「今天總覺得不大投入，一定是因為投手太平庸的緣故」。

用無關對方創意的「自己的心情或態度」評斷對方的創意，這種案例應該很少見。可是當給對方做出高度評價時，與其說原因來自對方的創意，也可能是自己的參與方式不同。像是可能由於某種巧合而使話題愈聊愈投機、連自己都

深深融入；也可能碰巧自己提出一個不錯的問題，使雙方更加投入，連帶讓自己變得更加融入。

這實在是意外的發現啊！艾爾斯巴等人發覺，當捕手本身投入宣傳會時，會提高給投手的評價。

當然，也可能會有編劇因為未能建立理想的互動關係，而遭投手貼上「不具創意」的標籤。對那樣的人而言，「沒錄取」這種結果，等於是一種「不可能的事」。事實上，我們也常聽到在某處吃了閉門羹的編劇提案，受到其他的人重用之後大為賣座的例子。

很多情況，是「因為對方很投入，所以自己也跟著投入」。以來自投手的刺激為契機，自己提出問題或意見，讓對方更加投入。因此，艾爾斯巴與克瑞默把這樣的判斷過程定位為「投手與捕手的關係」。

他們基於這樣的發現，進行追加分析，程序如下：

①為了調查捕手與被評價的投手建立起什麼樣的關係時，會覺得投手具有創意，研究團隊對十四位「捕手」（仲介、編劇、製作人）進行追加訪談。

②請十四位受訪者回想留下特別印象時的關係，然後詢問他們那如何影響評價。

③為了對判斷「富有創意／不具創意」的線索的關係分類，對各種特性進行編碼。

　　透過這些訪談與分析作業，對於捕手的評價方式，我們有了以下瞭解。

　　如果自己受對方的宣傳吸引而變得投入，二人的關係就被視為「對等且投緣的關係」（富創意的相互啟發者配對），會評斷對方富有創意。反之，如果覺得對方的宣傳仍未成熟、不經意地提出某種建議或指導時，二人的關係就被視為「單向指導的關係」（前輩與菜鳥的配對），會評斷對方為不具創意。

　　捕手就像這樣，一邊檢視自己被吸引投入的程度，一邊觀察自己與投手之間的相互關係，判斷對方是否具有創意。不是純粹依據投手本身的特質，而是透過自己被投手觸發的投入程度，來評斷對方的創意。

　　當捕手自己也沉浸其中，或與投手交流熱絡，甚至用「我們」這種方式講話時，就會把彼此的關係視為「對等且投緣」。另一方面，如果自己不知不覺為對方上起課來，或變得漫不經心而隨便回話，或是無法被對方理解而爭執起來時，捕手會把彼此的關係視為「單向指導的關係」。

　　關於「捕手是以什麼樣的線索歸類彼此的關係」，我以【圖表4-2】對應二個原型的方式，彙總給各位參考。

對等且投緣的關係

「對等且投緣的關係」是指，相較於分別進行個人創作，透過交互作用更能把原作提升成更優良作品的這種關係的原型。當捕手由於某種契機被吸引投入宣傳裏時，會給投手的創意有更高的評價。

決定是否會被吸引投入的關鍵，來自二個線索。一個是認知面的線索，像是如果有個線索能讓捕手覺得自己也對想法有所貢獻，就會把二人的關係視為「對等且投緣的關係」。

另一個線索屬於感情面，像是捕手感到興奮而沉浸其中熱中。兩者之間的關係被歸類為哪種類型，是依這二個線索而定。

關於這一點，有位製作人用「就像著魔一樣」，形容受到投手吸引、使自己也很投入的情況：

> 「有一場家庭連續喜劇的宣傳，充滿了不可思議的能量。編劇和我們在奇妙的你來我往中競逐誰被逗笑、誰能講出滑稽的笑話。如果能參與其中說出有趣的回話，那真是太棒了。」

在彷彿著魔般的宣傳會中，捕手也成為富有創意的藝術

【圖表4-2】關係分類：雙方互動的二種原型

捕手與投手 的關係	線索	捕手眼中投手 創意潛力
對等且投緣	變得熱中 相互昇華 用「我們」這種方式講話 詢問問題 點頭表示「原來如此」 對想法做出貢獻	高
單向指導	為對方上起課來 變得不經心 爭執 提出遵照常規的標準化要求	低

Elsbach and Kramer (2003), pp.295（部分摘錄）

【圖表4-3】人物與關係的二元評價模型

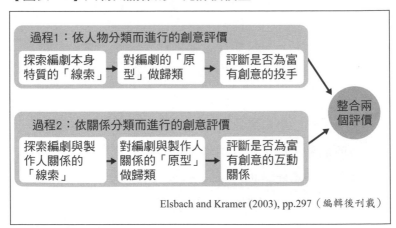

Elsbach and Kramer (2003), pp.297（編輯後刊載）

家，感受到與投手之間相互觸發、催生作品的感覺。

這二個過程究竟是依序而起，或者是同時發生，目前還沒有定論。但至少那似乎是在把投手的特性歸類為某種原型的宣傳會議一開始的最初幾秒就開始。此外，相關的原型是哪個，似乎也是在交互作用開始的最初幾秒就做完歸類。

我和別人面談的機會也不少，確實有過幾次類似的經驗。我當然會針對面談者本人或研究內容進行評價，但當自己對對方提案的內容提出好問題，或想出好點子而愈聊愈起勁時，確實會對對方產生好印象。可以說，我幾乎變成不是評價原本的對方，而是評價那個當場一起催生出的點子。

這並不僅限於在評斷創意時才會發生。一般面談時當然會發生，而稍微有些對話的場合，不也會發生嗎？

反過來說，如果投手有辦法觸發捕手的創意，那位投手就會被視為擁有創意。有位好萊塢相當知名的製作人，在他的著作中做了以下觀察：

> 「你必須一直延續宣傳會，直到捕手加入劇本創作、對想法有所貢獻為止。捕手意圖理解劇本，而在理解的瞬間，捕手也能感受到自己的創意[5]，這是宣傳會最理想的狀態。」

---

5 Linson, A. 1996. *A Pound of Flesh: Perilous Tales of How to Produce Movies in Hollywood.* Grove Press, P.44

　　投手能藉由像這樣積極促使捕手參與的方式，提高捕手對自己（投手）的評價。好幾位有經驗的投手，都十分瞭解這個事實。

單向指導的關係

相對於「對等且投緣的關係」的是「單向指導的關係」。在這種原型裏，捕手自覺比起身為作者的投手，自己更是熟悉劇本的優秀製作人。

具體來說，當捕手在宣傳會中自覺有以下情形時，似乎便會把彼此的關係定位為前輩與菜鳥的關係：

● 不大投入宣傳會議。
● 因為投手沒回應自己的意見或提案，而覺得心浮氣躁。
● 感到自己比投手還更懂這一行。

結果，捕手會把投手評斷為既無經驗、潛在能力也不夠的業餘人士。有位製作人如此形容變得漫不經心的瞬間：

> 「當對方（投手）對自己的想法毫不退讓，或是完全聽不進我們的意見時，宣傳會議就無法進行順利。我的時間很寶貴。如果我對誰說了一些我在意的事、但對方沒打算聽的話，我就會變得漫不經心，也就是進入心不在焉的狀態。然後，突然發現自己不知不覺在思考其他企劃案的事。」

　　有時，投手也會感受到捕手沒有充分融入的氛圍。有位編劇表示，當製作人開始提出一些老套的標準化要求時，就是宣傳會觸礁的前兆：

> 「他們會突然開始提出『還缺這個缺那個』的
> 要求，像是要有劇情大綱等。執行者們為了自保，
> 會開始提這些要求。這種時候，他們其實是在尋找
> 讓拒絕劇本正當化的理由。」

　　艾爾斯巴與克瑞默認為，提出這樣的要求，顯示捕手（執行者）比投手更有經驗，想提供適當建議的心情。當以專家立場單向做出指導或建議之際，執行者們並不會抱著參與「富創意的共同作業」的感受。

立足學術巔峰的研究風格

艾爾斯巴與克瑞默研究的最大貢獻,在於找出關於**關係**的「原型」。那分為對等且投緣的關係,以及單向指導的關係。這是若非現場觀察投手與捕手之間的互動、對他們本人做訪談就無法發覺的原型。透過實際觀察現場互動並進行訪談,他們導出了新的假設。

一言以蔽之,這項調查研究的做法,就是對現場的背景脈絡打上聚光燈。艾爾斯巴與克瑞默為了滴水不漏地掌握現場豐富的背景脈絡,用了三種方法觀察宣傳會議。

第一種方法,是直接觀察。在觀察研究的二十八場宣傳會議裏,有五場由製作公司召開的宣傳會,讓他們直接列席觀察。

第二種方法,是運用錄影。二十八場宣傳會裏的七場,是透過錄影,觀察大型製作公司現場實況。

這二種情況,研究人員都能在宣傳會一結束,就立刻訪談進行評價的捕手「喜歡什麼,不喜歡什麼」。也能詢問他們在評斷創意之際,把哪些現象視為線索。由於是在現場氛圍仍未消散時立即進行訪談,因此受訪者也容易坦率回答出真正的感受。

艾爾斯巴與克瑞默表示,透過這些觀察,讓他們變得更

容易理解在宣傳會裏，某場特定的宣傳會是如何進行，創意又是如何被評價。

　　我也曾有過數次在現場觀察結束後，立即進行訪談的經驗。從那裏面問出來的回答，非常特別。比起經過一段時間後另行在會議室裏做的訪談，回答的內容更新鮮，而洞察則更深入到平常根本不會說出口表達的那種水準。

　　第三種方法，是請協助調查的編劇與製作人們重演一次宣傳會議當時的情景。二十八場宣傳會中的十六場，是對當事人們的重演內容做記錄。每場宣傳會大致都持續二十分鐘左右，而每場重演的宣傳會，都很詳細且典型；這讓艾爾斯巴與克瑞默充分感受到投手與捕手間的互動情況。

　　當然，重演的宣傳會議由於存在事後重組的偏誤，可能與真正的實際情況有所不同，但也有優點，就是它和真實的宣傳會議不同，可以在中途打斷，詢問關於過程的問題。投手和捕手也能在重演的過程裏，回顧彼此的認知。

　　艾爾斯巴與克瑞默除了這些觀察外，也對瞭解狀況的各種立場人士進行訪談。協助訪談的資訊提供者，無論在質或量上，都是一份無可挑剔的名單。艾爾斯巴與克瑞默總共訪談了十七位編劇、十三位製作人以及六位仲介，詢問他們對投捕雙方的觀察與經驗。

　　俗話說，「不入虎穴焉得虎子」。這個研究深入通常不

會願意提供協助的調查領域，成功獲得只有由現場才可能挖
掘到的資訊。透過運用影片或請當事人重現宣傳會的情況，
找到顛覆通論的新發現。

【個案研究重點整理】

我們能從這份最佳論文獎得獎論文中學到什麼？以一句話來說，就是由現場蒐集資訊，並以重視背景脈絡的方式進行解釋與分析的重要性。艾爾斯巴與克瑞默，以重視背景脈絡的方式完成調查。

以下，我想針對二項重點，重新確認背景脈絡的重要性。

重點一：由現場取得資訊

第一項重點，是由現場取得資訊。許多現象不在現場就無法確認。訪談與觀察也一樣，若是在現場，一些難以言傳的現象，也能被發掘出來。

人有時候會有腦子明明記得，卻無法用言語表述的事；也有雙手記得的手感，卻無法傳達給他人的事。這樣的知識或祕訣，稱為**內隱知識**（tacit knowledge），是經過現場實地訓練後，雖無法用言語表述，但會用身體記憶的知識。

所謂現場，正是那種會悄然滲出內隱知識的環境。因此，也是較容易運用少許刺激，把難以表述的內隱知識語言化（這道作業稱為**外顯知識**〔explicit knowledge〕化）、形成某種概念的環境。

本章介紹的那些鮮明的關鍵字，要是不在現場，就無法獲得。藉由透過現場背景脈絡理解當事人使用的言詞，才能瞭解那些言詞有何意義。透過深入解讀，才能列出反映當事人深陷其中的意義世界的概念。

本章一開始介紹的倉田學是位行銷高手，擅長以當事人觀點理解顧客在現場使用的言詞，巧妙地挑選那些言詞出來，形成概念。

像是在日本國內旅遊雜誌發行《Jalan》（暫譯，原名『じゃらん』）之際，聽說即使在訪談時詢問受訪者：「有沒有在國內（指日本）旅行過？」幾乎所有目標客群的人都回答：「我不在國內旅遊。」那種情況怎麼可能發生？那是一個「不可能」的回答。當問得更具體一點之後，果然受訪者就會回答：「我會去國內的滑雪場滑雪。」「我會去住國內的溫泉旅館。」諸如此類。事實上，對他們而言，聽到「國內旅行」四個字之際浮現腦海的是參加昂貴的套裝行程，跟著舉著旗子的導遊整團一起行動的意象。

對倉田等人而言，這簡直是個讓人茅塞頓開的發現。倉田根據這個發現，企劃了一份完全不使用「（日本）國內旅行」這四個字的旅遊資訊雜誌。選用的宣傳標語，是「預訂日本」這四個字。

　　確實，我們有必要盡量接近現場以過濾資訊。之所以要在開發產品或技術的最終階段做行銷測試或應用實驗，也都是為了盡量接近實際狀況的情況下，對市場做驗證。

重點二：把假設帶進現場

　　第二個重點，是要把假設帶進現場，但又不能過於執著。

　　雖然現場是一座寶山，但也不能沒頭沒腦就亂闖進去。我以為，完全不帶任何觀點、大綱、假設就一頭栽進現場，能獲得的東西也相當有限。正因為有假設的存在，才能明確得到「確實如此」或「不是這樣」的驗證結果。即使結果不符假設，也能繼續深入思考到底是哪裏不同。

　　但在實務調查裏，也常發生實際情況迥異於最初擬定的假設的情況。因此，一直執著於特定假設，也不是個好辦法。

　　個案研究的一個特徵是，不過度堅持嚴密的驗證，能夠以帶有彈性的方式，探索事物的本質；能以全無預期的方式，找出一開始完全沒預料到的本質。

　　艾爾斯巴與克瑞默的調查，如果只著眼於人物的原

型，也許就不會想到關連性的原型。正由於在現場訪談裏發覺捕手在評斷對方之際，說起了關於自己如何投入的事，才能轉變觀點。他們把焦點由投手轉到捕手身上，發掘出捕手本身的參與方式以及雙方關係的重要性。這以過去的理論而言，是個可稱得上是「不可能」的觀點，一個若沒有背景脈絡，無法發現的意外事實。

他們針對蒐集到的資料，改變觀點，重新進行了多次檢驗。事實上，據聞極費工夫的編碼作業，他們整整做了三次。

我想，正因為存在一開始的假設，才能在現場發覺「有些無法完全以人物原型去解釋的部分」。正是假設無法完全解釋的內容，驅使他們更進一步調查。

第五章

優異的醫療革新卻沒有普及的原因

專家之間的無形障礙

　　一九八○年代，卓越企業（excellent company）一詞曾經在企業管理領域大為風行。管理顧問公司麥肯錫（McKinsey & Company）研究了美國四十三家高收益企業後，導出「卓越企業八大特質」。以此為主題的那本書，成為全球暢銷書[1]。

　　卓越企業的共通特質，包括：①行動導向；②接近顧客；③自治和企業精神；④靠人提高生產力；⑤親自實踐，價值導向；⑥堅守本業；⑦組織單純，人事精簡；⑧寬嚴並濟。

　　其中任何一項，都是讓人覺得「原來如此」「理所當然」的觀念。許多商務人士都相信，只要具備這些條件，就能一直維持卓越企業的寶座。換句話說，大家相信「滿足八大條件的企業就會成功」這個假設。

　　然而，被推舉為「卓越企業」的知名企業，在那之後卻逐一陷入業績惡化的危機。只要滿足八項特質就能一直是卓越企業這個想法，終究是一場幻想。

　　冷靜地回過頭想想就能發現，以學術角度而言，這個「卓越企業」的調查方法存在一些問題。讓我們檢視麥肯錫推導卓越企業條件的流程。

1　Peters, T. J., & Waterman, R., 1982. *In Search of Excellence: Lessons from America's Best-Run Companies*, Harpercollins. 繁體中文版《追求卓越：探索卓越企業的特質》由天下文化出版。

①列出實現高業績的企業。

②找出高業績企業具備的特質或條件。

③只要有共通的特質或條件，就視為高業績企業應該具備的條件。

這流程看似正統，但囫圇吞棗地接受用這種方式導出來的結論，卻相當危險。因為這種做法，並不保證已經把實現高業績的因素都全部找出來了。因此，後來發生「雖然具備這些特質，但光靠這些卻無法持續維持高業績」的事態，一點都不讓人感到驚訝。

前述調查卓越企業的程序，能導出來的，只不過是**必要條件**（necessary condition）而已。所謂必要條件，是指「成立某種現象的必須條件」。但即使那些是成為卓越企業的必要條件，也並不表示只要具備那些條件，就一定能成為卓越企業。

當然，對實務界人士而言，光是知道「必要條件」，就能對自己的業務提供一些省思（參閱第七章）。但如果想徹底思考之間的因果機制，就需要更深入的調查。

必要條件與**充分條件**（sufficient condition）的關係如下：

必要條件與充分條件

若只要滿足條件A就必定能達成高業績，那麼條件A就

是高業績的充分必要條件。但如果必須同時滿足條件A與條件B才能達成高業績，那麼A雖然是必要條件，但不是充分條件。這表示光靠A或B的任何一方，都無法充分達到高業績。

相反的，若只要滿足條件A或條件B任一方就能達到高業績，那麼條件A與條件B都是高業績的充分條件。但由於A或B都不是必須具備的條件，故兩者都不是必要條件。

卓越企業的調查雖然找出了實現高業績企業的共通條件A，但並不表示光那樣就足夠，說不定其實還存在另外的條件B。如果沒滿足B，也無法達到高業績。

更何況，卓越企業調查在導出的八大條件裏，並沒有包含「經營資源」與「產業競爭強度」這類的重大影響因素。

想導出卓越企業的真正條件，麥肯錫應該以這個出發點做假設，透過追加調查，更提高其正確性才是。

【圖表5-1】必要條件與充分條件的三大類型

條件		結果	條件A的屬性
A	→	高業績	A為充分必要條件
A和B	→	高業績	A為必要條件，不是充分條件
A或B	→	高業績	A為充分條件，不是必要條件

節錄自田村正紀《研究設計：經營知識創造的基本技術》（暫譯，原書名『リサーチ・デザイン経営知識創造の基本技術』，白桃書房，二〇〇六年）頁一〇七

其中一個方法，是用與它相反的程序去做檢驗。既然八項特質是成功的條件，那就反過來找出所有符合八項特質的企業，看看這些企業的業績表現究竟如何。

① 列出同時具備八項特質的所有企業。
② 調查具備那些特質的企業，是否全都是卓越企業。
③ 若皆為卓越企業，就可判斷八項特質是成功的充分條件。

透過相反的驗證程序，就能讓我們比較容易辨識出八項特質是否是卓越企業的充分條件。所謂充分條件，是「保證現象必定成立的條件」。如果只要滿足八大條件，就一定能達成高業績，八大條件就是充分條件。相反的，如果有企業滿足了八大條件卻業績不振，就表示還有其他影響成敗的要因尚未被發現。如此一來，就表示這些條件並不是能保證經營結果的條件。

為了避免導出淺薄的結論，本章將為各位介紹先加強理解比較分析手法，再透過比較分析，找出黑天鵝的方法[2]。

---

2 必要條件與充分條件，以及一致法與差異法，請參閱田村正紀《研究設計：經營知識創造的基本技術》（暫譯，原書名『リサーチ・デザイン経営知識創造の基本技術』，白桃書房，二〇〇六年）

一致法

相信應該有一部分讀者看到卓越企業的調查方法後，覺得有股熟悉感。是的，那是常用的比較法之一，是由十九世紀哲學家與經濟學家約翰·斯圖爾特·密爾（John Stuart Mill）所提倡而且歷史悠久的**一致法**（method of agreement）。

一致法的概念，是把顯示出相同結果的複數個案拿來比較，找出其中存在的共通因素，以推論造成共同結果的要因。基本上，可說是適於用來找出必要條件的方法。

接著，就讓我們依據一致法的概念，試著找出卓越企業的條件。我們先把滿足一定條件的企業定義為成功個案，選出成功的個案。

接著，以累積到現在的知識，把導致成功的要因全部篩選出來。假設我們找出A、B、C、D、E五個要因，從那裏面，去尋找在所有個案中共通的特性。

假設分析結果，五則個案中共通的特性只有一個，也就是【**圖表5-2**】的A列。

這時，我們可以推論A正是成功的要因。其他在B、C、D、E等要因上的差異，並不影響結果。既然不影響結果，就不會是成功的要因。

當然，目前還無法保證，只要滿足A，就一定可以成功。

【圖表5-2】以一致法推論

	可能的原因					結果
	A	B	C	D	E	
個案一	○	×	×	×	×	○成功
個案二	○	○	×	×	×	○成功
個案三	○	×	○	×	×	○成功
個案四	○	×	×	○	×	○成功
個案五	○	×	×	×	○	○成功

差異法

密爾進一步用相反的概念，提出**差異法**（method of difference），這種把結果相異的複數個案拿來比較的思考方法，相對於此的是，把顯示出相同結果的複數個案拿來比較的**一致法**。

這也是為了用少數個案進行推論的方法。差異法把呈現相異結果的複數個案拿來比較，如果其中存在彼此不同的要因，就可推論那是導致結果不同的原因。

說得極端一點，即使只用二則個案比較，也能做出有效的推論；但那二則個案必須除了一個要因以外，其他特性全部相同。

以找出「滿足該條件就能成功」的角度而言，是適合用來找出「充分條件」的方法。

那麼，讓我們用差異法的概念，來比較卓越企業與失敗企業。

假設比較影響兩者經營成果的要因後，發現如【**圖表5-3**】所示，除了A以外的要因全都相同。此時，由於只有A不同，我們可以推論那就是造成業績差異的要因。這就是差異法。

然而，即使運用一致法與差異法做比較、找出了這樣的

對比，很可惜的，我們依然無法斷言A是成功的唯一條件。因為，要從比較分析裏獲得確實的推論，還必須滿足以下條件[3]：

- 在已列舉出所有要因的前提下進行分析
- 已證實不存在交互作用
- 所有因果途徑與模式都已被分析
- 若是一致法，除了一個要因外其他皆不同
- 若是差異法，除了一個要因外其他皆相同

在實務上的調查裏，要同時滿足以上所有條件，極為困難。即使我們以為已經把所有造成影響的要因全數挑出了，但也許還遺漏了其他導致成功的因素也說不定。

【圖表5-3】以差異法推論

	可能的原因					結果
	A	B	C	D	E	
個案六	○	×	○	×	○	○成功
個案七	×	×	○	×	○	×失敗

---

3 前述的田村正紀（二〇〇六）以及Alexander L. George, A. L., & Bennett A., 2005. *Case Studies and Theory Development in the Social Sciences*. The MIT Press.

　　此外，若是某個要因必須與另一個要因結合後才會產生成果，我們也可能遺漏掉那個組合。像是在【圖表5-3】裏，如果在同時具備A要因和C要因的情況下就會成功，我們稱它為「A與C存在交互作用」。這種時候，光只有A，也無法成功。

　　更何況，除了變數極少的情況外，要分析所有因果途徑，本身就是一件不可能的任務。因此，以差異法或一致法得出的結論，並非絕對。

　　既然如此，為什麼我們還要介紹這些概念？因為從這些比較法推導出來的結論，可以做為「假設」，在下一階段的調查裏發揮極大作用。

　　在實際的調查過程裏，這些比較法究竟如何被運用？接下來，我要向各位介紹的是先有最初的假設之後，又出現其他的假設，在不斷對這些假設做反覆探索的過程裏，深化理解的研究範例。

《美國管理學會期刊》二〇〇五年
最佳論文獎得獎論文

本章要介紹的研究論文，是對「為何效果已獲證實的革新，卻無法普及？」的研究[4]。研究團隊比較不斷普及的革新與未能普及的革新，調查究竟是什麼成為阻礙普及的要因。

該調查以對人體的影響受到嚴格檢視的醫療革新做為研究對象，焦點放在新藥或新治療技術的普及。先進國家的醫療體系是以**循證醫學**（evidence-based medicine movement）為出發點，以獲得臨床實驗等支持的證據為基礎，去進行醫療活動。然而在實際的醫療現場，效果已獲得證實的革新卻不見得必定能順利普及。原因究竟是什麼？在英國進行研究的伊旺·費利耶（Ewan Ferlie）等人的研究團隊，為了解開這個謎題，獲得英國政府單位的協助，進行了以廣泛訪談為基礎的個案研究。

在針對英國醫療保健產業選出八項醫療革新、進行調查的結果，發現理應普及的革新，卻並未普及。雖不致於到「不可能」那種程度，但畢竟是相當令人意外的結果。費利

---

4 Ferlie, E., Fitzgerald, L., Wood, M., and Hawkins, C. 2005. The nonspread of innovations: The mediating role of professionals, *Academy of Management Journal*, 48 (1): 117-134.

耶的研究，試圖找出它的理由。

美國管理學會對於頒給這篇研究最佳論文獎的理由，說明如下（二〇〇五年共有二篇論文並列最佳論文獎）。

得獎原因

《美國管理學會期刊》二〇〇五年最佳論文獎

費利耶團隊的研究是以醫療保健機構為對象，連細節都調查得一絲不苟。為何某種**循證醫療革新**會普及，而其他則否？他們致力解開這個極耐人尋味的問題。學術領域裏雖然並非不存在科學根據，但看法仍未統一。因此，普及過程不見得是直線擴散，變得相當複雜。作者們查明這個事實，發現普及過程會受到革新的根據是否確實、執行的組織是否複雜以及複數專業職種關係是否緊繃等因素影響。這份調查，也可說是基於慎重的調查計畫，重複進行洞察與調整的研究典範。

（*Academy of Management Journal* 2006, Vol. 49, No.5, 875-876.）

二階段的調查過程

這份研究的特徵，是以二階段步驟，一邊變更調查方法一邊進行。雖然研究團隊表示，「並沒有採取從一開始就嚴密檢驗假設的這種方式」，但在第一階段裏，他們實質上建立了二個假設。

假設一：醫療革新的醫學根據愈確實，該革新會愈廣泛且愈快速普及。

假設二：醫療革新愈單純，而牽涉的組織或專業職種愈少，該革新會愈廣泛且愈快速普及。

乍看之下，會覺得這是一個「愈是效果獲得保證的單純革新，愈會快速普及」的天經地義般的假設。

然而，把這些假設套在八則個案上做驗證，結果卻與預期不同。

關於假設一，有些個案明明具備確實的證據，卻一直不普及。另一方面，有些個案沒什麼大了不起的證據，普及速度卻很快。

關於假設二，有些革新很單純卻沒有普及；有些革新略嫌複雜，卻迅速普及。

　　為了找出事情的真相，費利耶等人把自己的調查，轉變為更偏向探索的研究。做為調查的第二階段，他們試著用差異法導出新的假設，把彼此相對的二則個案拿來做比較。

　　相對個案之一方： 具備醫學根據，也廣為普及的個案（以阿斯匹靈預防二次心臟衰竭）

　　相對個案之另一方： 具備醫學根據，但並不普及的個案（以電腦管理的抗凝血服務）

　　二則個案都具備醫學上的根據，但其中一個普及了，另一個則否。研究團隊認為透過對這二則個案的比較，能推論出導致普及度不同的原因。

　　究竟比較分析的結果如何？是否發現了不屬於根據確實度、也不是革新單純性的第三要因了呢？

　　接下來，我以【圖表5-4】的二階段，進行詳細的說明。

第一階段的調查

　　為何有些革新迅速普及，有些則否？費利耶等人為了解開這個謎，選出了八個可比較的個案，在一定期間（一九九六～一九九九年）進行了觀察。

　　篩選出的醫療革新個案，可由二個角度整理。一個是「是否存在確實的醫學根據」。先進國家的主流治療觀念是依據臨床實驗結果決定是否採用的「循證醫學」，所以醫學根據的確實性，是調查醫療革新的普及時不可忽視的要因。

【圖表5-4】二階段的調查步驟

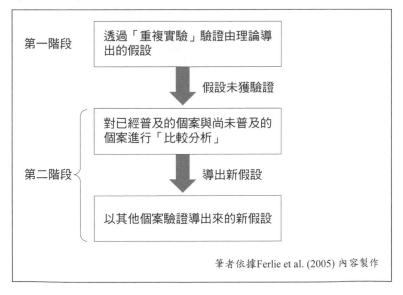

第一階段　　透過「重複實驗」驗證由理論導出的假設

↓　假設未獲驗證

對已經普及的個案與尚未普及的個案進行「比較分析」

第二階段

↓　導出新假設

以其他個案驗證導出來的新假設

筆者依據Ferlie et al. (2005) 內容製作

另一個是它的複雜度；革新有很多種，有像新藥處方般單純的革新，也有必須跨科別相互合作的複雜革新。革新愈是複雜，理論上普及速度應該會愈慢。畢竟，單純的革新能由單一的組織或專業職種推動，但複雜的革新則要有數個組織或集團共同投入才能激發。因此研究團隊認為，不是只有醫學根據，革新的複雜度也會左右普及速度。

依以上觀點彙總出來的是【圖表5-5】。以「醫學根據的強度」與「革新的複雜程度」為軸，把醫療革新分成四個象限。醫學根據的強弱是以臨床實驗等的結果和外部臨床專家的評價來判斷，複雜度則是以執行革新所需牽涉的組織或專業職種數量來測定。

【圖表5-5】調查對象個案的定位

		醫學根據	
		強	弱
單純		假設 革新的普及度高 （AC1）以低分子量肝素預防血栓 （PC1）阿斯匹靈的運用	假設 革新的普及度中等 （AC3）腹股溝疝氣之腹腔鏡手術 （PC3）荷爾蒙替代療法
醫療革新 複雜		假設 革新的普及度中等 （AC2）預防腦中風的電腦管理 （PC2）對糖尿病的治療	假設 革新的普及度低 （AC4）多樣的生產照護 （PC4）僱用物理治療師

由筆者依據Ferlie et al. (2005) 內容製作

各個象限裏，分別包含了二種類型的個案。一個是**急症治療**（AC，acute care）的革新個案，主要由大型醫院的專科醫師參與。另一個是**基層醫療**（PC，primary care）的革新個案，所謂基層醫療是指「凡事皆可諮詢的一般綜合式醫療」，主要是由那些服務於地區醫療設施的不分科醫師參與。

之所以在每個不同象限分別放進二種類型的個案（AC與PC），是為了顯示假設的成立與醫療性質無關。像是如果驗證結果是有根據且單純的革新，無論是在急症治療領域或基層醫療領域都可廣為普及，就可提高假設的正確性。

雖然即使不瞭解各項革新的內容也能想像調查的概況，我還是簡略講解如下：

以低分子量肝素預防血栓（AC1）

低分子量肝素是可以預防靜脈血栓症的藥劑。年長者進行下肢骨科手術後，如果血栓位於肺部，可能造成呼吸困難而致命。低分子量肝素可防止血液凝固、阻止血栓生成，被用於骨科手術後的早期預防。

預防腦中風的電腦管理系統（AC2）

醫學根據已證明口服抗凝血藥可防止腦中風。

這套系統則是用來管理口服抗凝血藥的寄送（交付），以防止腦中風等心血管疾病發生的電腦系統。該療程在醫院是由實習醫師負責，但如果有此套診斷程式協助，就可交由資深護理師執行。因此提高患者方便性，可在住家附近的舒適環境就診。

腹股溝疝氣之腹腔鏡手術（AC3）

腹股溝疝氣俗稱脫腸，是小腸的一部分由大腿內側（鼠蹊部）筋膜間穿出於皮膚下方的疾病。傳統上是透過外科開腹手術治療，但由於醫療技術的進步，現在已能用腹腔鏡（內視鏡）進行手術。手術方法是在腹部打開約三處分別為零點三至五公分左右的小洞，從其中一個洞放入腹腔鏡觀察內部狀況，在其他的洞伸進手術器具進行治療，即可結束。

多樣的生產照護（AC4）

英國衛生部是一九九三年根據醫學根據，發表改變生育（changing childbirth）政策，更動原本要求所有女性均在醫院生產的政策，針對健康孕婦，給予包括區域密著型懷孕照護在內的多種選項。這個政策背景，根據的是「達成女性本身滿意、可接

受的妊娠與生產，對之後的育兒也有重要影響」。
然而，判斷哪位孕婦風險低以及如何判斷，仍是重
大的未決問題。

以阿斯匹靈預防二次心臟衰竭（PC1）

適當運用阿斯匹靈可預防二次心臟衰竭一事，
已獲得**隨機對照試驗**（randomized controlled trial）證
實。這項預防方法可適用於基層醫療患者，預期這
樣的預防服務可扎根於各地區，廣受患者接納。

（筆者說明：費利耶團隊最初認為這是只涉及
基層醫療醫師的革新，但隨著調查進展，發現必須
有現場護理師協助，方可順利進行。）

基層醫療對糖尿病的治療（PC2）

世界衛生組織（WHO，World Health Orga-
nization）與國際糖尿病聯盟（IDF，International
Diabetes Federation）於一九八九年公布「聖文森
宣言」，明文列出防止糖尿病患者發生失明、腎臟
衰竭、壞疽、冠狀動脈問題及中風等疾患，讓患有
糖尿病的女性也能順利受孕與生產的相關原則與目
標。該革新將此等原則運用於基層醫療，由複數專
業團隊進行治療。糖尿病患者在英國高達人口的2

～5％，具有長期引發合併症的風險。由此引起的
費用支出，在英國佔國民健康保險的8～9％預算，
無論在醫學層面或政治層面，都是重要問題。

以荷爾蒙替代療法預防骨質疏鬆症（PC3）

荷爾蒙替代療法長久以來被用於緩解更年期障
礙，近年也有看法認為荷爾蒙可預防骨質疏鬆症。
但學界對此的見解仍未統一，根據的確實性與造成
乳癌的風險等仍持續被議論中。

（筆者說明：費利耶團隊最初認為這是只涉及
基層醫療醫師的革新，但隨著調查進展，發現必須
有現場護理師協助，方可順利進行。）

僱用物理治療師（PC4）

雖然缺乏醫學根據，但物理治療的有效性在基
層醫療領域廣為眾所周知。但多數醫師視物理治療
為服務腰痛等醫學無法處理的患者時使用的方法。
由於對患者而言，物理治療是受歡迎的治療方式，
採用物理治療服務的醫師也開始增加。因此，與物
理治療師共同推出全新醫療的必要性，愈來愈高。

費利耶等人的調查結果如何？如果假設正確無誤，醫學

根據愈確實的革新，普及速度應該也愈快，而革新愈是單純，應該廣泛且快速普及。他們預期會產生如下的結果：

- 現有醫學根據又單純的革新「以低分子量肝素預防血栓」（AC1）與「阿斯匹靈的運用」（PC1），普及度應該最高（詳見【圖表5-5】左上象限）。
- 相反的，醫學根據薄弱且複雜的革新「多樣的生產照護」（AC4）與「僱用物理治療師」（PC4），普及度應該最低（詳見【圖表5-5】右下象限）。
- 雖有醫學根據但複雜的「預防腦中風的電腦管理」（AC2）與「對糖尿病的治療」（PC2），普及度應該居中（詳見【圖表5-5】左下象限）。
- 醫學根據薄弱但單純的革新「腹股溝疝氣之腹腔鏡手術」（AC3）與「荷爾蒙替代療法」（PC3）的普及度應該居中（詳見【圖表5-5】右上象限）。

然而，調查出來的結果，卻與假設不吻合。

【圖表5-6】是經由實地調查獲得的革新普及狀況。如果假設正確，AC1與PC1的革新應該位在圖表左側（普及度高），AC4與PC4應該位在圖表右側（普及度低），其他革新則位在圖表中間區域。但從調查結果，看不出有這樣的模式。

　　根據假設，既單純又有確實根據的低分子量肝素預防血栓的革新（AC1），應該大為普及而位在左邊位置，但它卻位在中間區域。另一方面，證據薄弱且需結合複數部門提供服務的多樣的生產照護（AC4）應該位在最右方，但它卻出人意料地普及而位於偏左位置。雖然複雜但有確實根據的預防腦中風的電腦管理系統（AC2），即使普及度居中也不令人訝異，但事實上它卻位在最右邊，也就是並沒有普及。

　　根據以上事實，團隊瞭解到原本的假設有必要重新檢討。費利耶等人打算以其他方法，重新分析這次蒐集到的資料，以找出隱藏的要因。

【圖表5-6】五種醫療革新的普及狀況

高 ←────	革新的普及度		────→ 低	
（PC1）以阿斯匹靈預防二次心臟衰竭	（AC4）多樣的生產照護	（AC1）以低分子量肝素預防血栓（AC3）腹股溝疝氣之腹腔鏡手術（PC2）基層醫療對糖尿病的治療	（PC3）以荷爾蒙替代療法預防骨質疏鬆症（PC4）僱用物理治療師	（AC2）預防腦中風的電腦管理系統

Ferlie et al. (2005), p.123（部分編修）

　　容我稍微解說。無論再怎麼「看起來很有道理」的假設，都有可能並不按照預期發展。遇到這種情況時，千萬不可頭腦混亂地光喊著「不可能」，重要的是如何在那之後重

新修正研究。最糟糕的做法是,刻意或無意中想硬把結果套
到假設上,像是:「如果這樣解釋,也許就能主張假設正確
無誤了,所以這部分就當做沒看到吧!」相反的,最理想的
做法是即使不利於假設的驗證,也認真面對事實,尋找真正
的原因。

　　費利耶等人採取的當然是後者的做法。他們堅守「為何
特定的革新迅速普及,但其他則否?」這個問題意識。其中
一個原因,也許來自於實務上的切實問題,因為他們受到英
國衛生部、國民保健署的正式委託,找出這個問題的答案。
另一個不可忽略的原因,是這個問題在學術理論上也具有深
度意義。費利耶等人就這樣逐漸返回原點,開始以其他方法
找尋新的假設。

第二階段的調查（其一）

　　有時候，藉由對極端個案的詳細調查，能找出之前一直沒能看出的要因。費利耶等人透過在第二階段一開始，就對二個極端個案做比較分析的方式，成功找出了促進普及或阻礙普及的要因。

　　即使同樣是獲得證據支持的革新，也有極端普及的革新（以阿斯匹靈預防二次心臟衰竭，PC1）以及極端不普及的革新（預防腦中風的電腦管理系統，AC2）。這二個革新都有強力的醫療根據支持，但普及度卻有天壤之別。

　　如果這二則個案之間存在什麼重大差異，那可能就是左右普及度的原因。

　　像這樣的推論概念，就是以本章開頭說明的「差異法」為基礎。費利耶等人透過對同樣具有醫學根據，但一個是最普及的革新個案、另一個是最不普及的個案相互比較，尋找究竟是什麼原因導致天差地別。

　　預防腦中風的電腦管理系統（AC2）尚未普及一事，相當有意思。因為這個革新個案與達成高普及度的以阿斯匹靈預防二次心臟衰竭（PC1）之間，有許多共通點。

　　首先，AC2和PC1二則個案一樣，能將定型化業務轉移至基層醫療，讓地區的保健中心能夠提供服務。其次，兩者的共通點是都擁有強力的醫學根據；其他像是都具備大量患

者群、治療方式等容易管理、診療過程將變得更為方便而受
患者歡迎等特性,也都相同。

　　接下來,讓我針對各則個案詳細說明,進行比較。

廣為普及的極端個案

廣為普及的極端個案，是以阿斯匹靈預防二次心臟衰竭
（PC1）。在英國的地區保健中心，阿斯匹靈實質上被廣泛
運用在所有基層醫療領域。如此普及的背景，不是只有醫學
根據，還有促進其普及的要因。

首先，阿斯匹靈在地區醫療政策中被建議積極使用，以
由上而下的方式導入，政府可以跨越地區， 以全國規模掌
握阿斯匹靈的普及狀況。運用阿斯匹靈是牽涉到許多患者的
醫療革新，治療方式簡單、價格又便宜，使患者也樂於接
受。

更進一步來說，對患者而言，不用大老遠跑到遠處醫
院，只要在地區保健中心等就能接受治療的方便性，因此，
阿斯匹靈才能廣為普及。

也因為有這些背景，在某間醫療中心，恰巧其中一位共
同經營者對此相當積極，甚至針對阿斯匹靈的使用方式撰寫
論文。論文發表後，對此有興趣的醫師、護理師及相關工作
人員聚集起來，開始定期針對患者的照護交換意見。然後，
每星期召開會議擬定執行計畫，改為由護理師負責觀察患
者。對患者的定期觀察工作，就這樣由醫師身上轉移到護理
師身上。

管理學上把主動推進變革者，或成為**觸媒**（catalyst）促

使組織改變的人，稱為**變革推動者**（change agent）。在這所醫療中心，其中一位共同經營者成為變革推動者，把過去的壁壘全都撤除。

站在醫療管理的角度，定期觀察的工作從醫師轉移到護理師一事，值得注目。如此一來，能放手的事情就可委由護理師處理，讓醫師從此能集中心力在必須由醫師才能做判斷的診斷或治療。

這項革新，是跨越與醫療相關的複數專業職種之間的鴻溝，達成普及的成功案例。在普及的過程裏，它成功跨越最關鍵的二個界限（一個組織與其他組織間的界限、醫師與護理師間的界限）。

醫師及護理師也都對這項革新感到它的價值，因而產生參與的動機。透過跨越專業職種界限的對話，讓彼此扮演的角色重新定義。所有專業工作人員也因為擁有關於全體照護的共通價值基礎，而得以跨越各種社會的界限。

尚未普及的極端個案

相對於前一則個案，預防腦中風的電腦管理系統（AC2）則幾乎尚未普及。

這項革新，是預防腦中風的內服藥投藥電腦管理系統。臨床實驗已證實，腦中風可藉由內服藥預防。拜技術進步之賜，只要有診斷程式，不需要醫師，就可由資深護理師進行管理。只要採用這項革新，患者就能和阿斯匹靈的案例一樣，在離家更近的診所舒適地就診。

然而，這項革新卻尚未普及，而且，在實驗階段就碰壁出局了。

這項革新當初是由地區的保險當局基於研究開發（R&D）而率先投入。成為關鍵的意見領袖是循環器科（譯注：相當於台灣的心血管科）醫師，而不是基層醫療醫師。由於許多醫院的循環器科看診患者人數超過最大處置量，因此學者們開始針對伴隨高風險的慢性心臟疾患，研究能否以其他方式進行治療。

計畫是把預防腦中風的管理程序，依照以下三大方向進行移轉。

①由醫院轉變為基層醫療
②由實習醫師轉變為資深護理師

③由醫師診療轉變為運用電腦系統

臨床實驗的結果佐證AC2革新的效果。因此,它和以阿斯匹靈（PC1）預防二次心臟衰竭一樣,理論上來講應該普及才對。然而,這項革新需要跨越的「障礙」（組織間的界限,以及專業職種間的界限）,比阿斯匹靈個案大得多。

這則個案的專業職種間界限,在於其中一方是醫院的循環器科專科醫師、血液學者以及實習醫師,另一方則是基層醫療的醫師、資深護理師、電腦系統設計者以及保健服務調查研究人員,相當複雜。這些人由於彼此所受的教育不同,價值觀和判斷標準也都各自不同。

為數不多的變革推動者,未有足以說服如此多元集團的力量。這項革新的關鍵是把這項治療,由醫院的實習醫師轉移到資深護理師身上,但醫院的醫師對於護理師是否有能力駕馭新技術,感到有所疑慮。護理師也認為無法勝任這項任務。基層醫療的醫師對此懷有戒心的原因,則是在缺乏特別支援的情況下,被強加繁重的作業。結果,變成每個角色都對彼此有所疑慮。

比較分析狀況相左的個案

電腦管理的革新不同於阿斯匹靈的革新，在跨越組織與專業職種界限時面臨到困難。比較這二則個案，可發現未普及的預防腦中風的電腦管理系統，在不同的組織與專業職種間存在更多「壁壘」（社會的、認知的界限）。普及阿斯匹靈革新固然也存在這樣的「障礙」，但由於各職種擁有相同的性質定位與價值觀，成功建立密切的關係，而能順利地跨越障礙。

【圖表5-7】彙總以上的比較分析結果。費利耶等人從這個比較分析結果，推論存在於專業集團間的「社會的、認知的界限」可能才是左右革新普及度的真正決定性要因。也就是他們推測，除了要有確實的根據外，還必須同時擁有相同的性質定位與價值觀，跨越專業職業別的界限，革新才能夠普及。換句話說，「醫學根據的確實性」即使是影響普及度的必要條件，也不是充分條件。

第二階段的調查（其二）

費利耶等人導出假設後所做的事，也相當令人激賞。所謂**比較分析**，在尋找粗略假設時是非常好用的方法，但要把它修正為確實的假設，還需要以某些方式填補不夠完整的部分。費利耶等人沒把透過比較分析所導出的結果直接當成假設，而是善用既有資料再度確認。

費利耶等人在第二階段最後做的具體程序，是把透過比較分析導出的假設，套在另外六個醫療革新個案進行確認。結果，另外六則個案除了一個例外，其餘五則個案也都因為社會的、認知的界限而阻礙醫療革新的普及。

因此，原則上，他們認為「原因來自社會的、認知的界限」這個新假設，在其他個案上也獲得證實。像是在急性醫療的低分子量肝素預防血栓（AC1）、基層醫療的荷爾蒙替

【圖表5-7】極端個案的比較分析（差異法）

	可能的原因					結果
	是否存在「障礙」（社會的、認知的界限）	醫學根據的確實程度	可期待的效果	患者人數規模	是否易於管理	醫療革新的普及
阿斯匹靈（PC1）	○（無「障礙」）	○	○	○	○	○（普及）
電腦管理（AC2）	×（有「障礙」）	○	○	○	○	×（未普及）

筆者依據Ferlie et al.（2005）內容製作

代療法（PC3）與物理治療師（PC4）這三則個案裏，是由於醫師、護理師、助產士與物理治療師之間，存在巨大的社會距離，因此未能迅速普及。雖然彼此都在同一個空間裏工作，但社會距離卻沒有縮短。

有意思的是，在低分子量肝素預防血栓個案中，由於不同專業職種處在相同空間工作，造成同一個空間裏同時存在數種想法，使得關於角色變化的爭論拖延良久。

如果外科手術後出現血栓，將堵塞肺部血管引起呼吸衰竭，或是堵塞心臟血管引起心臟衰竭。

為防止這種情況，才使用低分子量肝素做為抗凝血治療。但醫界對此治療方式，看法仍有許多歧異。雖有醫學根據，但對治療結果的評價依不同外科領域而異。

像是心血管外科醫師為了防止血栓風險，會積極使用低分子量肝素；但另一方面，心血管內科醫師對於過度使用低分子量肝素引起的出血或感染症風險就較為慎重。由於彼此醫學根據的解釋不同，造成知識的交流十分困難。

因此在這則個案中，雖然有複數專門領域的專家同時在同一場所工作，但未能形成一個共同體。

而醫院與基層醫療之間，對醫療根據的看法也存在差異。

醫院是研究調查的核心單位，最重視臨床實驗結果。

相對的，基層醫療的醫師則會以更全面性的觀點，審視

調查的研究方法。他們不會積極使用臨床實驗結果，也不對該結果有太大關心。

其中一個理由在於，臨床實驗的研究領域集中在急症治療，多少讓人感到不完全適用於基層醫療。

另一個理由是，臨床實驗會把年長的患者排除在調查對象外，但基層醫療的絕大部分患者卻都是老年患者。基層醫療的醫師會與個人和家族建立持續長久關係，以複數的病理學知識診療患者。這一點也與大型醫院有所不同。

立足學術巔峰的研究風格

過去我們認為，高度專業的組織會積極導入革新。不但一般常識覺得如此，管理學研究也把它視為通論。因為我們認為，革新能在具備專門知識的專業集團中能夠迅速傳播。

然而，這也許是僅限於單純組織的情況。費利耶等人的研究告訴我們，專業職種網絡要推動革新，是僅限在單一專業集團裏才能普及。

所謂複雜組織，是由複數專業集團構成的組織。由於彼此工作時抱持的價值觀、規範或信念互異，即使有科學根據，在「解釋」的部分發生爭論，也一點都不令人意外。

組織或專業集團之間存在「看不見的障礙」，也許那障礙就阻礙了革新的普及。也可能由於複數專業集團各有不同見解，造成革新一直無法散播。

無論醫師或大學研究人員，這種由專業職種組成的實踐共同體，都擅長由內部彼此觸發學習、引起變革；但不擅長因應外界的刺激而學習、因應外部的壓力而變化。這樣的共同體，有如一個與外界隔絕、視野狹窄的**自我封閉集團**（self-sealing group）。

費利耶等人的研究，以「社會的、認知的界限」這種學

術概念，佐證了專家集團容易與外界隔絕的自我封閉特性。
他們發現某個專業集團與別的專業集團間存在「社會的界
限」與「認知的界限」，而那阻礙了革新的擴展。

防止研究失焦的問題意識

　　這份研究的進展方式，並沒有如同一開始計畫中的那般順利進行。雖然他們的調查設計相當卓越，但得到的結果卻與預期不符。在那時發揮作用的，正是**比較分析法**，也就是重新回頭審視自己蒐集的資料，選出極度相反的二則個案，找出兩者之間相異的要因，導出新的假設。

　　為何費利耶等人看到出乎意料的調查結果後，還能繼續進行有效的探索？我認為他們之所以沒迷失方向性，原因還是在於最初的「問題意識」相當明確的關係。

　　不曉得各位可曾聽過「因為出現了異於假設的結果，所以導致新發現」這句話？費利耶等人的研究，正可稱得上是這種模式。這是孕育出新發想的典型之一。

　　但一份調查要做到能在未獲得符合預期的結果之際，讓人肯定「並非資料有問題，而是假設有誤」，並不是件容易的事。不但調查設計必須扎實，資料也必須百分之百足以信賴。

　　「會不會是資料有問題？」如果是隨便蒐集來的資料，可能讓人如此懷疑，然後扭曲自己的分析結論，使它儘可能接近預期般的結果。

　　而即使在扎實的調查設計下蒐集足以信賴的資料，要挖掘出結果與假設不符的理由，也相當不容易。以費利耶等人

而言，他們正因為在最初階段以一定的網羅性，系統性地調查了革新的普及要因，才能在第二階段順利進行比較分析。不是無謂地「愈做愈分散」，而是重新回到原本的調查結果，以改變切入點的方式再度進行。

　　費利耶等人明確擬出該檢視的觀點，據以進行調查設計。只要具備明確的觀點，就不用怕在資料大海中迷失方向，還能以有系統的方式選定個案。而扎實進行一項項調查後進入下一階段，即使出現出乎意料的事，也能以累積至今的調查結果為基礎，提出新的假設。這正可說是「根據發現的事實，進行探索的調查」。

【個案研究重點整理】

重點一：兼具細膩性與靈活性

費利耶等人的研究，至少能讓我們學到二項重點。

一是為了避免在未知的領域做出錯誤判斷，必須兼具細膩性與靈活性。不能因為未知，就在毫不抱持任何問題意識或觀點的情況下，一頭栽進現場。當然也有看法認為這樣的態度較理想，但那實在太費時了。

費利耶等人為了「不迷失在資料裏」，事先就擬定觀點，以系統化的方式選出調查對象。

正因為有明確的問題意識、擬定該檢視的觀點，才能夠進行系統化比較。要是沒在未知領域擬定該檢視的重點，將造成調查飄移。

如果問題意識明確，就能重新回到原點。如果一開始就具備某種假設，就能思考「為什麼會出現不符預期的結果」，然後在第二次由其他角度，或是用整體觀點，重新修正假設。沒有海圖座標就想在茫茫的資料大海中划船出去，只能說是莽撞的舉動。

「選定比較重點後，再選出調查對象」的這種態度，非常重要。

但這並不表示，你應該「堅持假設到最後」。假設

能獲得佐證自然是最可喜可賀，但當假設有誤時，要
進行下一步有意義的探索與考察，才是理想之道。以
這個角度而言，具備基本的問題意識，或是擬出指示
方向的假設，非常重要。而結構具有一定的總括性與
系統性，則較為理想。以柔軟的身段進行調查、建立
扎實的假設，至關重要。

重點二：反覆推論

另一個可以學習的重點，是反覆推論。為了提高假
設的精密度，不斷往返於必要條件與充分條件之間反
覆推論，非常重要。

本章一開始介紹的卓越企業調查，是去尋找存在於
卓越企業裏的共通性質（一致法）、導出導致成功的
必要條件，然後由結果反推，歸納出八大「卓越企業
的條件」。這樣的分析手法，如果主張那些是必要條
件，那就沒什麼問題；但如果想確認那些是否是充分
條件，就必須聚焦在原因上，重新進行調查。必須選
出所有符合八大條件的企業（不是回顧結果），與未
滿足那些條件的企業相互比較，確認是否每家符合條
件的企業都是卓越企業。

事實上，費利耶等人的第二階段調查，就是根據相

同的概念進行。他們把同樣具備醫學根據,但一個普及、另一個卻沒有普及的二則醫療革新個案相互比較(差異法),因而找出是否存在「社會的、認知的界限」,是左右醫療革新普及程度的因素。

他們先著眼於結果的差異,導出什麼是原因的假設。再針對其他六則個案,確認同樣的概念是否成立。這可說是聚焦於原因而不是結果,以**重複實驗**的方式,確認是否會發生相同的狀況。

這樣的分析方法也許讓人覺得略有難度,但卻也是我們會在日常生活裏自然而然(有時是無意識)去做的行為。藉由用結果反推,再結合用原因確認假設,能更帶領我們貼近真實。

第六章

新創企業購併案的背叛

買賣雙方之間的信任不對稱

　　為了理解什麼是傑出的個案研究，《NHK特集》（NHKスペシャル）是很好的參考。

　　雖然有幾個基本架構，但與個案研究相關而特別有參考價值的，是追蹤過程以解開「不可思議」之謎的方法。其中有運用權威媒體優勢而做即時追蹤的部分，也有「都過了那麼久，總算可以說出來了」般，針對過去巨大謎團的訪談。節目遵循報導風格推砌多元事實，最終的見解，則交由觀眾自己判斷。

　　特別強調「各自立場」的作品之一，是〈女與男〉（〈女と男〉）系列。這個系列以腦科學與生物學的角度，解開女人與男人為何會相互吸引、為何會想法分歧的原因。片頭的開場白，大為引起觀眾的興趣。

　　　爭鬥不休的兩大家族是宿敵，即使如此，來自這兩大家族的一對男女還是愛上了彼此。他們的腦子裏，究竟發生了些什麼？學者們嘗試以最新的科學解開這個謎。過去完全不為人知的心理運作機制，正開始一點一點揭開面紗。

　　　研究發現，戀愛中的女性和男性大腦，會在同一塊區域發生活躍的運作。同時，兩人同樣彼此相愛，卻也各自有另一塊不同的活躍運作區域。女性與男性如此的差異，成為造成不幸歧異的原因。

　　第一集探討的，是對我們而言永遠的主題：男女關係的祕密。

　　這個節目以包括個案研究在內的各種調查方法，調查男女戀愛之際，我們的腦部到底發生了什麼。

　　為什麼人會戀愛？調查結果，無論女性或男性陷入戀愛時，腦部都會在共通部分（腹側被蓋區）出現活躍的活動，大量分泌多巴胺，讓人感到愉悅與快感。羅格斯大學（Rutgers University）教授海倫・費雪（Helen Fisher）表示，由於腦部已記得感到快感時的狀況，光是見到同一個人的臉，都容易釋出多巴胺。

　　同時，陷入戀愛之際，無論女性或男性腦部都有被抑制活動的區域，那就是名為「杏仁核」「顳頂葉交界處」，用來批判事物的區域。在釋出多巴胺讓人感到愉悅的同時，批判對方的情緒受到抑制。戀情在這種情況下快速進展，也是理所當然。

　　然而，看似同樣陷入戀愛，男女兩性卻也有不同之處。

　　在男性身上，與視覺有關的「島葉」區域會活潑運作。正如「一見鍾情」，男人是以「視覺」陷入戀愛。

　　你也許會覺得這未免也太膚淺了。可是以生物學的角度而言，這並非「不可能的事」。男性似乎會在無意識中確認

女性「能不能為我生下健康的寶寶以延續後代」。

德州大學戴凡德拉‧辛哈（Devendra Singh）的研究結果顯示，無論女性的身形是胖或瘦，男性會本能地受到女性腰圍比臀圍接近七比十（譯注：腰圍二十三吋、臀圍三十三吋即為七比十的腰臀比）的女性吸引。腰臀比例是反映女性健康狀態和容易受孕程度的比例，到達生育適齡期時，會接近這個比例。讓人驚訝的是，調查歷史上知名的美術作品，果然多是七比十的比例。

男性在看到女性的第一瞬間，就確認這一點，鎖定對象。然後再透過視覺捕捉對方的表情或動作，分析對方是否對自己有興趣。

另一方面，女性的腦部則是與記憶相關的「扣帶回」這個區域會變得活潑。這也是為了養兒育女之故。

雙足步行的人類，骨盆在進化過程裏變得發達，造成產道相對受限。要生出頭部巨大的人類幼兒，唯一方法就是在尚未發育成熟的狀態，就把他們生下來。為了讓腦部發育完全，必須提供他們相當的營養。因此，一對男女必須組成固定伴侶，確實完成撫育子女的任務。女性在育兒期間，包括取得糧食在內，都必須把孩子和自己，託付給那位伴侶。

對方是否為好伴侶，光憑外表無法判斷。所以學者們認為，女性發展出仰賴記憶以評斷對方是否是「值得託付的男性」的本能。

　　乍看兩者相互吸引，但女性與男性的觀點則完全不同。掀開「相互吸引」這塊面紗後，男性是以外貌選定對象，女性則是以生活能力選定對方。兩性在有意識或無意識用來做判斷的，似乎都是這種稱不上「浪漫」的方式。「戀愛」讓人覺得浪漫，但它的根本目的還是為了繁衍後代。縱然這是生物學家的見解，但告訴熱戀中的情侶，他們會有這種反應全都是為了生兒育女，一定會覺得「不可能」吧。

　　本章要介紹的是，聚焦於立場不同的觀點，在追蹤決策過程的同時，解開不可思議之謎發生機制的方法。

《美國管理學會期刊》二○○九年
最佳論文獎得獎論文

選擇伴侶（事業夥伴）對於經營企業也相當重要，本章
要介紹的研究，是關於新創企業的企業購併（M&A）。說
得更具體一點，是關於出售／收購過程的研究。假設你成功
創立一家技術類型的新創企業，並積極評估要把它出售。當
有數間企業表示收購意願時，你會以什麼為標準，判斷要把
公司賣給誰？

德州大學副教授梅麗莎・格瑞布納（Melissa E. Graebner）
就對像這樣的出售／收購決策過程進行了調查[1]。隨著資料
不斷蒐集，對企業買賣決策造成重大影響的關鍵概念開始浮
現，那就是「信任」。

談到企業買賣，很容易讓人想到「吃人或被吃」的赤裸
裸現實世界，但事實上並不全是如此。以未公開發行股票的
私有企業而言，即使在美國，絕大部分的出售／收購都不是
惡意購併，而是善意的買賣。「出售企業時只在意價格」，
也是一個錯誤的印象。新創企業的老闆更在意的，反而是出
售之後員工的未來，希望把公司託付給值得信任的買家。

---

1 Graebner, E. M., 2009. Caveat venditor: Trust asymmetries in acquisitions of entrepreneurial firms. *Academy of Management Journal*, 52 (3): 435-472.

　　所謂信任，是指在有風險的情況下，對於對方會採取的行動，抱持樂觀的期待。

　　但是，太過樂觀也是件危險的事。正如得獎論文的標題〈賣方當心〉（暫譯，原文 *Caveat Venditor*）所示，如果賣方疏於注意而承受了什麼損失或不利益，也只能自己往肚裏吞。

得獎原因

《美國管理學會期刊》二〇〇九年最佳論文獎

　　這篇論文探索新創企業（由創業家經營的企業）的收購交易中，賣方與買方之間的「信任」問題。它的研究結果告訴我們，彼此立場不同的企業，對彼此的信賴抱持著不同見解，導致彼此採取不同的行為模式（像是對於欺瞞的傾向不同）。梅麗莎‧格瑞布納除了調查關於企業間信任的文獻外，並以企業家精神聚焦於過去未能解開之謎題，對學術研究的發展，做出了卓越貢獻。

　　最佳論文獎其中一位評選委員表示，這份研究「進行了極富創造力的理論化。把『信任』導入收購研究裏，不只新穎，還相當具有洞察性」。

（*Academy of Management Journal* 2010, Vol. 53, No.5, 937.）

　　格瑞布納的調查吸引人之處，在於不是只以賣方或買方的某一方角度，而是由雙方觀點調查企業出售／收購的過程。調查關於信任的看法在賣方經營者與買方經營者的關係裏如何產生，並即時追蹤收購／出售的過程，調查信任在這裏面，對各種發生的事件會造成什麼影響。

　　追蹤交易過程後，這份研究瞭解到當彼此的信任未相互一致時，就會發生【圖表6-1】般的情況，最後導致完全出乎預料的不幸結局。

　　格瑞布納整理重要事件後，發現整個企業出售／收購的過程共可分為五大階段：

① 篩選對象
② 買賣方老闆的社交
③ 原則合意
④ 準備合約
⑤執行

　　格瑞布納發現，在每個不同階段，賣方經營者與買方經營者對信任的重視度與認知，基本上並不相同。

　　賣方經營者希望選出一個能遵守事前約定的值得信賴夥伴。因為在售出事業的瞬間起，自己就將失去對公司的一切影響力。

　　但相對的，買方立場則完全不同。對方是否值得信任，並不是個太大問題。買方在意的反倒是對方技術是否有價值，冷靜地評估對價，希望儘可能完成一場划算的交易。

　　像這樣對信任的意識差異，將分別為賣方與買方帶來意料之外的結局。為什麼？讓我依照格瑞布納導出的五個階段詳細說明。

　　順便一提，這份研究分析的是發生在一九九九年至二○○○年購併風潮之際的個案。這個時期是所謂的網路泡沫時代，發生了大量技術類企業的購併案件。這份研究的主要調查對象，是實際完成出售的八個案件。

　　資料的調查以即時追蹤為原則。八組出售／收購個案中，有六組確實是在收購活動進行期間蒐集資料。其餘個案，也都在簽訂合約後的六個月內蒐集資料，以期相關人士能正確地憶起實際發生的事情。

　　八組調查對象企業，如【圖表6-2】所示。

【圖表6-1】欺瞞時的信任不對稱模式

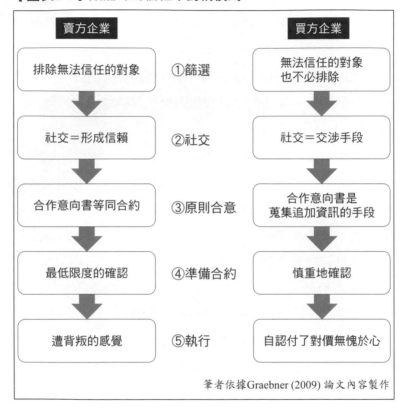

導向不幸結局的購併五階段

①篩選階段

　　首先在篩選階段，無論賣方經營者或買方經營者都會儘可能多多益善地搜尋候選對象。然後針對產品線是否互補、技術能否相互運用等各種層面，進行相互評估。

　　這種時候對賣方企業而言，「能否信任」是選擇夥伴之際的決定性重要關鍵。可信賴的對象會繼續留在買方候選名單，不可信賴的對象則會被直接從名單中剔除。

　　是否是可信賴的對象，有很多方法確認。如果雙方過去曾有過合作關係，當時的經驗就可做為判斷的材料。如果有熟悉候選對象的上下游客戶或業務夥伴，就可從那裏獲得資訊。業界評語也可當做參考。但如果能直接接觸，就會以當時的感受去做判斷。

　　如果賣方經營者不信任買方經營者，買賣案就到此為止。調查完所有候選對象、認為每個都「不值得信賴」的話，企業就不會出售，繼續保持獨立。

　　相對而言，買方經營者則不會去考慮賣方是否值得信任。不會因為賣方不值得信賴，就對收購案收手。「不信任」不會成為把對方從候選名單中剔除的理由。事實上，八家買方公司中有六家並不信任賣方。在一邊懷疑對方「是否

隱瞞了出售的理由？」「是否誇大了開發的技術？」「是否
祕密和其他對象進行另外的交涉？」的同時，買賣案還是繼
續進行。

②社交階段

接下來，雙方經營者進入社交（socializing）階段。企
業買賣成立的八組企業中，有六組經營者曾在合約簽訂前那
段期間，到餐廳、咖啡廳、自家或渡假地等辦公室以外的場
所會面交談，談話內容則全是關於學生時代的回憶或興趣、
人生哲學等話題，和工作完全無關。

【圖表6-2】出售／收購調查對象企業

	賣方企業 （化名）	買方企業 （化名）	成交金額 （單位：百萬美元）
（1）	莫內	畢卡索	500
（2）	火箭	北方	57
（3）	趨勢	盔甲	400
（4）	島嶼	港灣	125
（5）	概念	羯摩	125
（6）	快速道	克雷茲	140
（7）	戈里	席亞奧	15
（8）	斯帕／首要	將軍	35

摘錄自 Graebner (2009), pp.438-39

　　買方經營者與賣方經營者在這樣的交流裏，也同樣抱持著不同的認知。賣方認為能透過這樣的交流，培養彼此間的信任。藉由建立起個人層級的誠實關係，可相互確認彼此間的信任度。

　　相對的，買方經營者則把同樣的活動視為交涉手段。所謂私人關係，是在蒐集資訊的同時把對方帶離律師或財務顧問身邊，使對方無法與專家諮詢，以提高自己的交涉力。

　　這樣的結果，造成買方經營者與賣方經營者對彼此信任關係的看法差異愈來愈大。像是在某則個案裏，有一方感到雙方彼此相互信賴，另一方感到的卻是彼此都在刺探對方。

　　前述情況發生在咖啡廳裏。不曉得買方意圖的賣方執行長，認為這次懇談實現了坦率的資訊交流，「彼此都學到很多，雙方也都很開誠佈公，變得彼此信任。」

　　另一方面，買方代表則認為在這次會面中，「我們從他們身上釣出（fishing）資訊。」他把咖啡廳會面視為提高買方交涉力的手段，然後刻意欺瞞賣方執行長，讓他同意被收購。

③原則合意階段

　　當賣方與買方更深入交流後，就會確認彼此對基本方針的合意，簽訂「合作意向書」；這份文件並不像正式合約那

麼冗長，通常歸納為一或二頁。

　　簽訂這份合作意向書之際，必須非常留意。因為合作意向書裏往往會包含「禁止與其他有意收購的公司交涉」的條款。只要有這一條，那麼除非某方明確表示退出交易，或是經過有效期限，否則就必須持續進行排他的交涉。

　　幾乎所有打算出售事業的企業，都會信任買方，把「合作意向書」視為等同正式合約的地位。賣方經營者誤以為只要簽訂合作意向書，剩下的程序都只不過是形式。然而，如果賣方經營者因為相信這筆買賣而怠於調度資金，會發生什麼事？一旦買方縮手，後果可能相當嚴重。

　　另一方面，買方經營者則視合作意向書為達到最終決定前，取得追加資訊的手段。某公司的執行董事表示，這張合作意向書的意圖，基本上，純粹是用來徹底確認技術面上能否達到預期的成果。

　　進入這階段後，欺騙對方的言行也開始增加。

　　後面我們會再詳細說明，但欺瞞有兩種形態，一是「屬於交涉技巧的欺瞞」，也就是在交涉時唬弄對方的這種欺瞞，像是暗示自己有其他收購標的、故意提高出價、宣稱決策期限將至以催促對方等，用諸如此類的方式取得協商優勢。交涉之際的這一類欺瞞可稱得上是極為普遍的現象，當事人彼此也不認為這些是致命的問題。

　　另一種由於會帶來嚴重損失，所以被稱為「重大的欺

騙」。這種欺騙像是對收購後的人事或待遇做出虛偽承諾之類，已超越交涉策略的範圍。像是買方企業會做出的欺瞞手段，包括收購完成後違反諾言進行裁員或解僱、變更策略、限縮管理職的權限等。賣方企業則可能謊稱自己公司的產品開發力，或是關鍵員工在收購完成後就離職，諸如此類。重大的欺騙，比起交涉時的虛張聲勢更加嚴重。

④準備合約階段

當大方向透過合作意向書取得共識後，就能進入準備合約的階段。具體而言，是確認企業內部各部門主要關鍵人物的想法、確認敵對企業的技術或策略計畫、擬定一份即使出現誤解也能自保的合約等。這段期間，雙方企業都會加倍小心，因為無論對買方或賣方而言，這都是由對方的不誠實中保護自己的最後機會。

但是，關於究竟認真準備合約到何種程度，賣方經營者與買方經營者卻呈現截然不同的對照狀態。賣方企業在這階段只做最低限度該做的事，但買方企業則是仔細認真地執行。

賣方企業對於在這階段以最低標準完成合約準備工作一事，說明理由如下[2]：

---

2 前述 Graebner (2009), P.459

「不管準備多厚的文件，無論得到多正式的保證，都無法從這些書面中看出交易的精神。我們不是為了這些文件工作，而是為了兩間企業一起工作而工作。」

賣方企業只要信任對方，似乎就會認為注意義務與合約上的安全措施等內容沒什麼意義。事實上，幾乎所有賣方企業都要不是未採取任何此類對策，就是只付出非常有限的注意義務，只採取最低限度的對策。只要相信自己是在和可信賴的對象交易，賣方企業的領導者似乎就不會太重視準備合約的過程。

相對而言，買方企業則會竭盡所能小心謹慎、考慮周詳準備合約，擬定萬一賣方有所欺瞞，得以保護買方的附條件履約保證合約。事實上，八組個案中有七組的買方企業，徹底負起注意義務，擬定了預防標的企業有所欺瞞的合約條件，檢視賣方的重要顧客合約，檢查賣方企業的技術水準，仔細調查員工彼此間的關係。

⑤執行階段

到了執行階段，「屬於交涉談判技巧的欺瞞」與「為了達成任務而使出重大的欺瞞」的本質差異，將明確浮現。

　　「屬於交涉談判技巧的欺瞞」很少浮上檯面。因為只要合約順利簽訂、依預期進行，這些事情就不會成為問題被拿出來檢視。

　　然而，「重大的欺瞞」卻情況不同，遲早會浮上檯面。

　　如果買方在收購後開始資遣員工、遷移辦公室、轉換技術相關策略，會發生什麼事？不只是決定出售的經營團隊，連關鍵員工都會知道被騙，也許就此離開公司。

　　尤其對賣方經營者而言，這是一筆「與對方開誠佈公地交流彼此人生觀，對收購後的員工待遇等達成了合意」的交易。即使買方經營者主張「重大的欺騙」能在倫理上正當化，賣方經營者也勢必會覺得「不可接受」。

　　為什麼買方經營者會做出這種欺瞞？一個可能的理由是，買方有興趣的其實是人員以外的「資產」。若是如此，即使員工離開公司，也不會是問題。

　　然而這次的調查對象，是技術類新創企業。正如同買方本身認知的「若無法讓員工發揮才能，就無法彰顯該企業價值」一樣，如果未能把優秀技術人才留在公司，買到的企業價值將會降低。

　　事實上，根據格瑞布納的調查，買方經營者似乎的確是「希望優秀員工留在公司」。但他們太相信經濟誘因，覺得能靠報酬平息眾怒。買方打的算盤是，「那些人即使被背叛，只要給足夠的金錢誘因，就會繼續留在公司為我們工

作」。

　也因為存在這樣的誤解，有間買方企業違背了當初對賣方企業「不改變業務據點、承諾讓員工自我管理、活用賣方技術」的約定。買方以「我們付了大筆錢收購了你們」的方式，把自己的行為正當化。

　但賣方企業並不接受這樣的說法。「我們不是想馬上得到報酬，而是想讓大家用我們的技術，瞭解我們的技術有多優異，藉此成就一些事情。」賣方的技術執行董事表示。然後，許多員工以「買方未遵守檯面下的共識」為由，辭職明志。有位賣方經營團隊成員強調，「這不是金錢能補償的事。」

　買方公司負責人則似乎在賣方經營團隊離開公司後，才發現就此失去了最有價值的資產。

信任不對稱造成的二種欺瞞

不對稱的信任關係會像上述那般引來不幸的結局。格瑞布納認為，信任關係不對稱的方式不同，誘發「欺瞞」的容易度也不同。

格瑞布納所聚焦的不對稱信任關係，並不只是「自己信任對方，但對方卻不信任自己」的這種事實歧異，還包括「覺得自己受到信任，但事實卻並非如此」的這種認知差異。

這個狀況有點複雜，所以讓我引用圖表來做說明。【圖表6-3】是透過「自己是否信任對方」與「覺得對方是否信任自己」二軸，對調查結果所做的整理。前述二個欺瞞，都能分別由賣方經營者與買方經營者的角度觀之。另外，如果確實對對方有所「欺瞞」的，就會打「✓」做記號。如此一來，就能清楚看出買賣方一組的企業（相同號碼的企業），兩者間的信任關係存在不同的差異。

①談判欺瞞

讓我們先來看看屬於交涉技巧的欺瞞（詳見【圖表6-3】）。請比較一下賣方觀點與買方觀點的打勾記號。相對於賣方企業的「✓」有三個，買方的則是七個。這顯示買方企業較易在交涉技巧上欺瞞對方。買方中有七家公司在交

涉之際，或虛張聲勢，或刻意說出讓對方誤解的話。

　　另一方面，我們雖常說交涉一定伴隨欺瞞，但賣方卻不見得如此。八個調查對象裏，只有三間企業做出「屬於交涉技巧的欺瞞」。而且賣方會欺瞞對方，似乎只限定在「覺得沒被對方信任」的情況下才會發生。

　　接著，請各位比較賣方觀點與買方觀點，找出類似之處。無論賣方或買方，都存在完全沒有打勾記號的象限，那就是「自己**信任**對方」而且「也**覺得**受到對方信任」時。在這種時候，無論是賣方或買方，都不會做出交涉的欺瞞。似乎如果雙方彼此信任，就不會做出欺瞞對方的舉動。首要公司的執行長就表示[3]：

> 　「我在把雙方都納入考慮的情況下尋找均衡點。而我們也達成了對彼此都公正的目標。既然從明天起就是夥伴，這筆交易必須讓無論賣方或買方都覺得公正。我不是追求用最高的價格交易，而是打從一開始就以公正的價格為目標。」

　　買方企業的想法，似也與此相同。【**圖表6-3**】中的盍甲公司由於彼此相互信任，交涉時並未對對方有所欺瞞。

---

3 前述 Graebner (2009), P.454

【圖表6-3】談判欺瞞：打✓的企業曾在交涉時欺騙對方

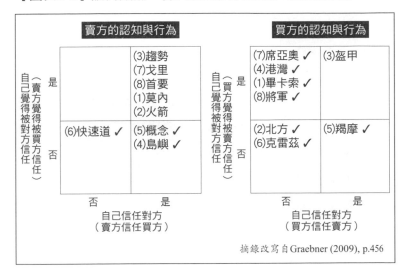

摘錄改寫自Graebner (2009), p.456

②重大欺瞞

那麼，「重大欺瞞」情況又是如何？如【圖表6-4】所示，賣方企業中沒有任何經營者做出「重大的欺騙」。做為未來要一起工作的夥伴，他們充分意識到收購完成後的狀況。

相對的，買方經營者中，八間公司裏卻有三間做出了「重大欺瞞」。

值得注意的是，做出「重大欺瞞」的組合，相較於「屬於交涉技巧的欺瞞」，顯得更為限縮。僅限在「自己不信任

對方，但覺得對方信任自己」之際，才會做出重大的欺騙。換句話說，當企業感到「自己不可對對方鬆懈，但能對對方為所欲為」時，似乎容易做出「重大的欺瞞」。

在那以前對企業間信任問題的研究，都認為人們「以誠相待」，但看來似乎不是這樣。即使覺得被對方信任，似乎不見得會同時感到道德上的義務。當覺得對方是不值得信任、不可輕忽的對象時，就難以感到道德責任。

相反的，當感到彼此相互信任時，即使是買方企業，似乎也容易感受到道德義務。在這種情況下，就沒發生「重大的欺騙」。當自己信任對方、也覺得受對方信任時，似會產生合作、公正與夥伴關係，欺瞞則消失無蹤。

通論認為，信任會隨著時間逐漸對稱，如果對方信任自己，自己應該也會投桃報李地變得信任對方。相反的，當感到對方不信任自己時，自己應該也會變得不信任對方。

仔細思考就會知道，我們無法正確推測對方如何看待自己。就算能夠精準推斷，也不會因為對方信任自己，就必須投桃報李。尤其當覺得「對方不值得信賴」時，似乎更會利用受到信任這件事，提高自己的獲利。

【圖表6-4】重大欺瞞：打✓的企業曾在實質上欺騙對方

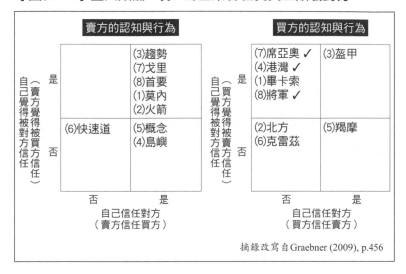

摘錄改寫自Graebner (2009), p.456

立足學術巔峰的研究風格

這個研究讓容易誘發欺瞞與不易誘發欺瞞的模式，顯得更為明確。

容易誘發欺瞞的情況，是當感到對方信任自己，但自己卻不信任對方時。人在這種時候容易受到誘惑，認為既然對方是不值得信賴的對象，不妨就欺騙他吧。

相反的，不易誘發欺瞞的情況，是當自己信任對方，也覺得對方信任自己時。這種時候，人會以「以誠相待」的方式，做出公正的行為。

當然，某種模式容易誘發欺瞞、另一種模式導向公正的這種推論本身，並不需要追蹤過程，只要蒐集資料做統計就能知曉。也就是，只要詢問「是否信任對方」「覺得對方是否信任自己」，然後檢視「是否做出屬於交涉技巧的欺瞞」「是否做出重大的欺瞞」，就能做出矩陣圖，也能製表蒐集資料。

那麼，為什麼有必要耗費時間與勞力，追蹤其中過程？

之所以要追蹤過程，是因為光靠模式，無法得到確實的結論。像是如果各位不知道前面閱讀的這些詳細過程，只看到【圖表6-3】與【圖表6-4】的彙總表，請問你能只從圖表裏，推論出為何會如此的因果關係嗎？

正因為追蹤了過程，才能知道原因與結果。只用一般模式蒐集大量樣本數據，能夠明瞭的只有關連而已。也就是在

某個條件下欺瞞的頻率會變高，在其他條件下頻率會變低的這種歸納結果。即使能看出一些結果，但對於其因果關係，仍舊如置身於五里霧中。

不追蹤過程、不解開為何如此的因果關係，就無法深入理解這個問題。本研究透過把出售與收購過程分成五個階段、解開信任不對稱性的發生與維持機制方式，成功地深入理解整個狀況。為了解開這些謎，即使樣本數量不多，追蹤過程也會有其效果。

但是，想解明的現象，其過程並不容易追蹤。因為我們很難在實際調查有興趣的現象之際，把偏誤控制在最低限度。一般在追蹤過程的調查裏，至少有三種容易發生的偏誤：

①源自單方觀點的偏誤
②回顧的偏誤
③源自誘導式詢問的偏誤

格瑞布納在追蹤出售與收購的過程裏，一直持續避開這三種偏誤。對於各種偏誤的概述以及如何避開的策略，讓我說明如下：

①源自單方觀點的偏誤

第一個偏誤，是源自單方觀點的偏誤。一般來說，對「自己」而言的現實，每個角色看到的都不同。

以格瑞布納的調查而言，在某一方面，對賣方而言存在著「我相信對方，卻遭背叛」的現實。但在另一方面，卻也存在著買方「支付了充分的對價，但卻受騙」的現實。

然而，過去針對企業出售與收購所做的研究，幾乎都只聚焦於買方觀點，忽視賣方觀點。由賣方與買方交互作用引起的現象，能以單方的觀點解謎嗎？

格瑞布納對賣方也投以對買方同等的關注，調查賣方對事情的看法與行為。也就是說，格瑞布納同時聚焦於過去未受重視的賣方，發展出兩家公司一組的觀察方式。對於八組出售與收購個案，挑戰在所有階段，用雙方觀點描繪出相對過程。然後讓買方與賣方在收購過程中分別抱著不同見解與關心一事，浮上檯面。

②回顧的偏誤

容易在追蹤過程時發生的第二個偏誤，是人在回顧過去時產生的偏誤。回顧過去的調查方式，存在著很多缺點。

首先，人類的記憶很不可靠。有時人們難以回想出為了

解開某現象之謎，不可或缺的資訊。

　　而即使受訪者回答了些什麼，那也不見得是事實，因為當事人會試圖依自己的方式理解發生該現象的背景或因果，導致回答出來的答案可能是事後諸葛般的解釋，很可能造成某個側面被過度強調或渲染。

　　另外，也可能實際情況相當混亂，但後來因當事人自己的解釋，而整理得脈絡分明。

　　像這樣的偏誤，無論如何都會存在。調查人員訪問得出的結果，並不是事實，而是切割自受訪者認知世界中的一部分。

　　格瑞布納為了避免這個偏誤，以現在進行式的調查為核心，透過即時追蹤時時刻刻不斷發生的事件過程，試圖解開因果之間的連鎖機制。

　　當然，若所有個案都要即時追蹤，將是十分浩大的工程。格瑞布納的研究裏，八則個案中有六個，確實是以現在進行式的方式做追蹤研究，而剩下的二個，則是對已確定出售與收購結果的案例進行分析。雖說是已確定結果的案例，但研究團隊在發生後的六個月內就進行資料蒐集，因此可由資訊提供者身上訪談出實際發生現象較正確的資訊。

③源自誘導式詢問的偏誤

　　第三個偏誤，是源自誘導式詢問的偏誤。當我們需要受

訪者回憶過去並告訴我們一些事時，對他們詢問一些基於研究者的關心或假設、請他們回答是或否的提問（封閉式問題），不見得是最好的做法。因為受訪者的專注力可能被導向具體問題上，即使還有其他重要的現象，也無法說明或提及。受訪者也可能為了無論如何給個答案，而做出含糊不清的回答。

因此，為了挖掘出連研究者本身都沒想到的因素，必須以巧妙的手法，讓受訪者主動侃侃而談。為此，格瑞布納採取的方法如下：

首先，請受訪者說明整個背景狀況，然後依時間序列說明收購與決策的過程。研究人員不向受訪者詢問執著於自己關注面的問題，或是以是／否回答的問題。對於出售與收購過程中發生的決策或事件，以「何時」「在哪裏」「誰」「對什麼」「為何」「如何」的方式提問。讓受訪者回答開放式問題，才能得到正確的資訊。

據聞研究人員在訪談裏，不提問任何關於信任或欺瞞的問題。「信任」這個關鍵字，在討論夥伴的長處與短處之際，或者是說明交涉過程時，會自然成為話題。

【個案研究重點整理】

格瑞布納透過即時觀察的方式，發現了不同於通論的「信任不對稱」。所謂追蹤過程，是一種相當耗時又費力的方法。也正因為如此，進行調查時必須徹底區分清楚何處該堅持，何處可稍微放手。只要採納這種調查方法的精髓，研究精密度就會因此提高。以下讓我介紹兩個重點：

重點一：不依賴特定受訪者

在前面各章介紹的研究裏，我們也一直強調「由多位不同主體聽取資訊」的重要性。因為若只是由單一側面進行理解，就無法用多角度的立體方式掌握目標事物。而最明確顯示出這個情況的，就是本章的個案研究。

「設身處地從雙方立場看事情」，是非常重要的基本態度。然而能做到這一點的研究，卻出乎意料地少。其中一個原因在於，在拜託受訪者協助調查、蒐集資訊之際，最後無論如何都會變得仰賴特定人士。要與各種立場不同的人士都保持接觸，並不容易。

再加上，有時協助調查者似乎也會覺得光自己這邊

的見解便已足夠，不會積極介紹持相反立場意見的人士。

　　另一個原因在於，像這種由單一立場人士建構出來的世界，邏輯往往整合得非常完善，難以讓人產生疑問。尤其過去發生的事，常有連當事人也已在內心裏整理完畢的情形。透過那個人的立場聽取整合邏輯後的狀況，會讓人產生自己已全然理解，無需再聽其他立場人士看法的錯覺。

　　但是，站在單一特定立場看事情，一定會產生偏誤。我相信，如果本章介紹的研究只追蹤出售或收購其中一個單方面角色，大概會導出完全不同的結論。本研究正是因為向各個不同立場的中心人物聽取資訊，才能接近真實。

重點二：融合過去與現在（結合過去式與現在進行式）

　　另一方面，可稍微放手、追求效率化的，則是追蹤的方法。講到追蹤過程，可能許多人會覺得必須對所有個案都進行即時追蹤，但事實並非如此。我們也能運用回顧過去以追蹤過程的調查，彌補不足之處。

　　如果能在即時追蹤調查中徹底深入調查對象，就能以自己的雙眼探索各種不同因素。如果能深入適當的

對象，就容易挖掘到關鍵因素，找出發生不可思議現象的機制。

但在另一方面，這麼做的成本及風險無論如何都會增加。我們無法在事前知道事情會如何演變，最後形成什麼樣的結果。由於一個人能即時追蹤的過程數量有限，想做廣範圍探索以找出適當對象，有其困難。

在這種情況下，能建議的做法，就是善用結果已經明朗的個案。除了即時追蹤以外，同時併用**回溯研究**（retrospective research），也就是在事情發生後，由受訪者回顧過去，以追蹤過程的方法。

如果採回溯方式追蹤過程，就能正確地決定要針對何處做什麼樣的調查。由於能在已知結果的情況下選擇調查對象、只針對重點去做訪談，因此效率也高，風險及成本都相對減少許多。

當然，回溯過去的訪談，可能造成隱藏性因素遭到疏漏。畢竟無論對調查人員而言，或對當事人而言，光靠記憶就發掘出「意料之外的因素」，本身就是件困難的事。很可能的情況是，當事人基於自己的解釋去理解整個過程，以單方面的現實，把它整理成合乎邏輯的故事而描述。

如果格瑞布納研究的所有八則個案，都用回溯過去的方式蒐集資訊，想必無法獲得如此生動鮮明的資料

吧！

　正因為以上這些原因，所以格瑞布納的調查部分採用現在進行式，部分採用回顧過去的訪談手法。在掌握這二種方法優缺點的情況下，結合兩者，使其互補。

　像這樣可稱為「融合過去與現在」的調查方法，被命名為**雙融合研究法**（a dual methodology），是由桃樂絲‧李奧納德—巴頓[3]（Dorothy Leonard-Barton）研究，並且早於格瑞布納提出。

　無論是學術研究或實務調查，我們都能善用這種融合技，以提升成本效益。

3 Leonard-Barton, D. 1990. A dual methodology for case studies: Synergistic use of a longitudinal single site with replicated multiple sites. *Organization Science*, 1 (3): 1-19.

第七章

有助於商業實務的
個案研究

堅持與割捨的選擇

　　本書宗旨，是希望透過前各章介紹的得獎論文，讓讀者學到有益商業實務的個案研究方法。本章則要來談談，讀者該怎麼做，才能讓這些方法有助於落實在實際工作中，協助讀者掌握運用的契機。

　　所謂「運用於實踐中」，是指將學術領域的個案研究方法應用於實務面。在這兩種不同領域中，調查會有相同的部分，也有相異的部分。因此，會有站在實務調查的角度「應該堅持的部分」，也會有正因為是實務調查而「割捨掉也無妨的部分」。

　　如果在調查時簡化應該堅持的部分，將導致錯誤的結論。相反的，在割捨掉也無妨的部分堅持，只是無謂地耗時費力，也許反而造成大好機會白白喪失。把學術方法運用在實務之際，如果弄錯了應該堅持與應該割捨之處，將造成慘痛的後果。

　　首先就讓我們來比較學術領域裏的調查與實務領域裏的調查，確認兩者之間的相同處，正確理解哪些是應該堅持的部分。然後，再把雙方世界的不同部分明確化，檢視割捨掉也無妨的部分。

應該堅持：
學術調查與實務調查的共通點

　　學術方法中「應該堅持的部分」，是關於個案研究的主軸部分。以本書中介紹的學會獎得 論文而言，就是與各章核心主題相關的部分。讓我們來回顧一下，各章的核心主題分別如下：

　　①即使是單一個案，針對分析下工夫，也能導出充分的
　　　啟發（第二章）。
　　②做好調查設計，嘗試驗證假設（第三章）。
　　③貼近現場，可獲得意料之外的「發現」（第四章）。
　　④基於比較分析的極限進行追加分析，提高假設的精確
　　　度（第五章）。
　　⑤追蹤調查對象，解開因果機制（第六章）。

　　我相信這些主題訊息裏，有部分是我們早在**無意識中**瞭解的東西，也有已經**不知不覺**實踐在生活中的東西。無論學術或實務，「應該堅持的部分」都沒有不同。讓我們逐一檢視，重新回顧一番。

①即使是單一個案，針對分析多用心也能導出充分的啟發

大家是否聽過所謂的**離群值**（outlier）？它指的是統計上與其他數值差異甚大，簡言之屬於一種「不可能出現」的值。依資料分布狀況，像是發生機率不到一％的區域如果出現數值，那就有可能是「離群值」（是否為離群值，另有算式判斷）。

做統計分析之際，如果存在離群值，會打亂整體的傾向。連同離群值一起分析，難以找出顯示整體傾向的數值。因此原則上，統計分析會把「離群值」由資料中排除，因為它對於我們觀測平均模式而言，是一種造成阻礙的存在。

但在個案研究裏，我們不會捨棄「離群值」。相反的，還會聚焦於「離群值」這隻黑天鵝來進行研究。當然，如果那個數值是由於測定錯誤或記錄錯誤而出現，另當別論。但我們認為，只要那不是一個錯誤的數值，「離群值」反而才隱藏著全新的線索。也就是說，我們會想知道與全體傾向不同的個案，究竟發生了什麼事情。

像是無論在哪個領域，都有預先呈現未來動向的個案，這種個案如第二章所述，被稱為「先鋒個案」。而透過對先鋒個案的詳細觀察，能幫助我們思考自己未來的因應對策。即使在當時那是一隻例外的黑天鵝，有一天，它終究會成為理所當然的普遍現象。

也有另一種情況，是由於它正與大多數案例相異，因此才具有特別的啟示。這種所謂的「異常個案」與先鋒個案不同，由於性質太過特殊，因此主流世界無法追隨那種狀況，它將永遠是隻稀有的黑天鵝。然而，研究它為何與大多數不同，能幫助我們懷疑過去的常識，或挖掘出至今未曾發覺的因素。

像是在開發新業態之際，對單一個案的分析就有所助益。神戶大學名譽教授田村正紀就以零售業為例，用非常淺顯易懂的方式做了說明[1]：

　　無論產品開發、顧客服務或是領導行為，情況都一樣。透過對先鋒個案的研究，往往能找出讓過去理論往前進展的全新因素。而對異常個案的探索，則可能帶給我們打破過往常識的靈感。另外，仔細研究代表個案或原型個案，則可深化我們對關心現象的理解。

②做好調查設計，嘗試驗證假設

我再強調一次，統計學是以抽出大量隨機觀測值做為樣

1 田村正紀，《研究設計：經營知識創造的基本技術》（暫譯，原書名『リサーチ・デザイン経営知識創造の基本技術』，白桃書房，二〇〇六年）

本的方式，確認其真實性。但個案研究由於在學術上可定位為一種自然實驗法，所以相較於統計學的做法，對於原因與結果間的連結性，更是以實驗的方式為基礎。

【圖表7-1】個案的類型

類型	定義	實例
先鋒個案	預期未來將成為代表個案的個案	網路銷售的發展與樂天（Rakuten）
代表個案	該領域的代表個案	綜合量販店的永旺（AEON）、伊藤洋華堂（Ito-Yokado）
異常個案	脱離基本模式的例外個案	垂直整合型服飾專賣店例外案例的思夢樂（Shimamura）
原型個案	創造出該領域的個案	三越（Mitsukoshi）

田村（2006），p.80（部分摘錄）

　　自然實驗法的概念，是在控制變因的情況下，依滿足某條件的個案是否出現預期中的結果，來確認其中之間的相關性。因此即使想驗證的是「不可能發生的現象」，相較於個案數量，「以某條件為原因而導致某結果」的因果邏輯，更為重要。

　　舉例來說，請各位回想第一章介紹的世紀末預言。這種現象有如黑天鵝般，包裹著層層謎團。這則個案預期只要符合「做出某種參與投入」與「有相互認同的夥伴」二項條件，即使預言失準，信徒們反而會更加虔誠。以重複實驗的概念而言，只要找出符合這二項條件的個案，檢視符合這二項條件的教團，如果其預言失準但信徒的信念更強，就等於

這假設得到驗證。

更進一步，我們還可找出未符合這二項條件的個案，預測並觀察是否出現邏輯上相反的結果。如果預言落空後信徒的信念減弱，或有明顯的退出潮，就符合邏輯上的合理性，可視為這個概念在重複實驗中得到驗證。

能像這樣在相同的背景脈絡之下，選出「符合某條件的個案」與「不符合該條件的個案」做比較，是件重要的事。以這個發想獲得最佳論文獎的，正是第三章所介紹的個案研究。

而同樣的發想，也可在實務領域裏發揮用處。西北大學教授安德森與麻省理工學院教授席梅斯特指出[2]：

> 相較於花時間分析龐大的資料，不如透過業務過程做些簡單的實驗，對改善絕大部分企業的業績更有助益。

③貼近現場，可獲得意料之外的「發現」

我們常說「百聞不如一見」，而企業在進入海外市

---

2 Anderson, E. T. & Simester, D., 2011. A Step By Step Guide To Smart Business Experiments. *Harvard Business Review*, March 2011（繁中版〈用商業實驗找出獲利模式：科學化決策時代〉，原刊載於二〇一一年三月號《哈佛商業評論》，遠見天下文化出版）

場之際，對現場的調查也很重要。流行服飾品牌優衣庫（UNIQLO）也會為了開發商品等目的，實施現場街頭調查。二〇一三年放映的NHK特集裏，曾對此做了介紹[3]：

優衣庫的開發手法之一，就是聽取街頭意見，對標準的休閒服加些修飾。像是針對孟加拉市場的商品，就會添加伊斯蘭風格的設計元素。由於街頭巷尾每位女性都穿著民族服飾，因此該公司不推出單純的休閒服，而是融合民族風服飾的元素。據聞當員工把試作品拿去街頭訪問時，得到非常好的反應：

開發負責人：「您覺得這衣服的設計和長度如何？」
女性A：「我覺得長度剛好。」

開發負責人：「顏色呢？」
女性A：「是適合夏天的顏色。」

女性B：「這真是完美！」

基於這樣的街頭調查結果，UNIQLO判斷針對孟加拉的

---

3 NHK特集〈成長或死亡：UNIQLO四十億人口的賭注〉（暫譯，原節目名〈成長か、死か～ユニクロ40億人市場への賭け～〉）

民族風相關調查與準備已相當足夠，便把它做為主力商品之一正式開始銷售。但開賣後過了好幾天，該商品銷路卻一直不好。許多女性客人會拿起這休閒服來看，但卻不會購買。

實際上，孟加拉的男性會穿著休閒服，但女性在外出時，只會穿名為「紗麗」（Saree）的民族服裝。優衣庫做的事，是把休閒服帶進這樣的社會裏，想創造一種全新的生活習慣，實際上有些困難。生活習慣的差異，讓優衣庫的員工們苦惱不已。

當實際要在店家購買之際，情況就變得與街頭訪談時不同。當地女性們對NHK這樣回答：

女性C：「喜歡歐美風格的人可能會穿著這種衣服出門，但我可不會。」

女性D：「在外國也許沒問題，但這種衣服在這個國家，會被覺得不恰當。」

依照過去在先進國家或新興國家的經驗，反映街頭訪談意見的設計非常有效。但像孟加拉這樣的市場，也許在「把休閒服加入民族服裝的元素」之前，還需要一個「把民族服裝加入休閒服的元素」這個階段吧。事實上，的確有當地服飾品牌製作出那樣的衣服，並且獲得成功。

　　實際上，第四章介紹的「創刊男」倉田學表示，在確認試作品的市場反應時，問出真心話是件非常困難的事。即使詢問受訪者：「你覺得這個如何？」得到的回答也大部分是「很棒」「一定會買」諸如此類。但如此回答的人，卻不見得真的會購買。實際購買的背景脈絡，與被詢問意見之際的背景脈絡不同。而實際生活、使用時的背景脈絡，也可能又與前述的不同。

　　有鑑於此，優衣庫的開發負責人員改採「進入受訪者家裏實際生活空間」的方式蒐集意見。透過介紹，實地檢視許多不同年齡層女性的衣櫃，把她們擁有的衣服全都確認一遍。

　　有位十七歲少女這麼說：「要穿正式服裝時，我會穿紗麗。我雖然只有十七歲，但好喜歡紗麗。」

　　把調查對象擴展到二十多歲、三十多歲，看到的也全是民族服裝。在她們自家進行訪談後，終於問出伊斯蘭女性的真心話。

開發負責人：「妳會想穿休閒風的服飾出門嗎？」

女性E：「尚未成年時，穿著休閒風的衣服出門很正常。可是現在身為有責任的大人，我會選擇穿著民族服裝。」

總算在對方的空間裏問出真心話了。在自家衣櫃裏放有
休閒服的，十人之中大概只有一人。

優衣庫立刻改變銷售方式，把這些女裝做為室內家居服
出售，與其他品項一起成套販賣。外出服方面則暫時改為向
外採購民族服裝來銷售，把開發出在目前生活習慣下適合讓
孟加拉女性穿著的服飾，做為未來的目標。也就是從產品銷
路中，獲得內部開發的線索。這也是在現場購買情境的背景
脈絡中蒐集資訊的方式。

④基於追加分析比較分析的極限進行，提高假設精確度

有一位我個人非常尊敬的創業投資家（投資新創企業的
專業投資人）表示，有個標準能判斷創業家能否成功。我問
他那是什麼，他告訴我：「就是看那個人在發生什麼事之
際，會不會辯解。」

這位投資家不只提供資金，也提供各種諮詢與建議，協
助新創企業的營運上軌道。回顧過去，他發覺每位被他投資
後成功的創業家，都是在發生問題時，也不把責任轉嫁他
人，自己一肩扛起面對的人。

以個案研究的觀點而言，這樣的洞察是由第五章介紹的
比較分析手法「一致法」所導出。讓我們回顧它的分析過
程：

1.列出過去自己支援的創業家裏，特別成功的人士。

2.搜尋成功創業家們共同具備的特質。

3.把這項特質（也就是「不辯解」）視為成功的必要條
件。

投資家表示，必須在有限時間裏判斷創業家的素質時，
這個標準非常有用。

但是，我想他自己也清楚，這標準並非絕對的保證。因
為，成功者不辯解，並不表示「不辯解」的人就會成功。即
使滿足必要條件，並不代表就滿足「只要擁有該特質就一定
成功」的充分條件。因此，只具備了「不辯解」的特質，並
不保證一定成功。他其實也充分意識到，這個判斷標準並不
完整。

如果想確認是否具備這個特質的創業家都一定會成功，
就必須再採用相反的分析程序：

1.列出所有擁有同樣「不辯解」特質的創業家。

2.調查具備「不辯解」特質的創業家，是否每個人都成
功。

3.如果每個「不辯解」的人都成功了，就可把這個特質
視為成功的充分條件。

但即使做追加調查，恐怕也無法得到每位「不辯解」的創業家全都成功的這種結果。投資家也瞭解這情況，只是把這特質視為必要條件，用來當做判斷標準之一。

重要的是，要理解比較分析的極限，然後知道在這樣的基礎上，如果必須視必要性補足一些比較分析未能觸及的部分，該追加些什麼樣的分析。

⑤追蹤調查對象，解開因果機制

我們常聽到有人說，某個因果關係根據統計調查獲得驗證。那大概類似是提出一個關於因果關係的假設，然後用統計學方法「驗證了其顯著性差異未滿5％」。聽到這些，可能讓人誤以為只有統計分析的量化研究，才是找出因果關係最適當的方法。

但學術研究人員則相當清楚，事實並非如此。一般的統計調查，只會告訴我們某個變數與另一個變數用什麼樣的方式共變，但無法告訴我們為何會發生這樣的共變。

因此，想解開因果關係的機制，就得去追蹤原因與結果的連結過程。愈是被認為「不可能」的因果關係，愈會在追蹤調查時發揮其效力。

像是第一章介紹的棉花糖實驗，在實驗十二年後進行追蹤調查，因此發現了能忍耐十五分鐘不吃的兒童，將來在學

力測驗也能獲得高分的這個意外事實[4]。

　　做追蹤調查的契機，是來自實驗研究者米歇爾的女兒。他的女兒與受測者上同一所幼兒園。由於她與參與實驗的小朋友是同學，所以能知道後來他們過著什麼樣的學校生活、如何成長。博士每次一有機會，就會詢問他們的近況。也就是說，他透過自己的女兒，追蹤一個個受測者的後續發展過程。當這些孩子們成長為青少年時，米耶爾開始思考，一個人的自我克制能力有可能會影響當事人日後成功與否。

　　米歇爾對熟知受測者狀況的監護人或指導者做問卷，調查那些孩子們後來的日常生活。由於受測者超過六百人，調查也進行得相當認真。調查結果瞭解到，一分鐘以內就把棉花糖吃掉的小朋友，後來在教室裏做出問題行為，或為了一些小事就暴燥易怒的傾向較為強烈。米歇爾據此提出他的看法，也就是「不是打消欲望，而是把欲望暫緩到未來的自我克制能力」很重要。

　　更進一步，在最初實驗經過四十年後，研究人員使用可檢測腦部活動狀況的設備，對六十位棉花糖實驗的受測者做

---

4 Mischel, W., Ebbesen, E. B., & Antonette R. Z., 1972. Cognitive and Attentional Mechanisms in Delay of Gratification. *Journal of Personality and Social Psychology* 21 (2): 204-218.

了追加調查[5]。該調查結果，也顯示出很快就吃掉棉花糖的人，較傾向於無法抑制來自情緒刺激的衝動。幼年時期被觀測到的傾向將會延續一生這件事，在此獲得確認。

　　由於米歇爾的研究是非常長期的不完全過程追蹤，因此學界對於這項研究的因果關係，存在一些反論。即使如此，我們還是認為他的研究以追蹤數則個案進行調查與實驗，確立自己的學說。

5 Casey, B. J., et al. 2011. Behavioral and neural correlates of delay of gratification 40 years later. *PNAS Early Education*: 1-6. (http://www.pnas.org/content/early/2011/08/19/1108561108.full.pdf)

割捨掉也無妨：
學術調查與實務調查的差異

接下來，為了思考哪些是割捨掉也無妨的部分，讓我先說明學術與實務的差異。雖然同樣是做個案研究，但學術領域與實務領域本身的使命與前提就不同。如果商業界實務人士想忠實地複製學術界的做法，無論如何都會碰壁。要是必須用學術領域的嚴謹度來進行實務面調查，光想到就教人倒抽一口涼氣。

重點是，要除去「學術的多餘之處」，只留下「實務上也應該意識的部分」。用這種方式，探尋實踐型的個案研究方法。也就是說，有些部分將其割捨、簡化亦無妨（或是不得不然）；但另一方面，也有些部分就算在實務領域，也必須講究堅持（詳見【圖表7-2】）。

讓我們來分析學術與實務的差異，以協助我們找出把什麼割捨掉也無妨。

①探索真理還是尋找輔助判斷的依據

對於個案研究，學術研究者與實務界人士的目的自始就不相同。在學術領域裏，是意圖以**研究本身**來驗證假設。相對而言，在實務領域即使透過調查找到了黑天鵝，依然是

【圖表7-2】個案研究在實務領域的應用

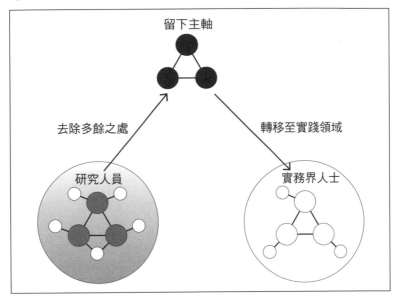

實踐驗證假設。說極端一些,就是「不做做看就不知道結果」。關於這一點,管理策略理論的權威魯梅特表示:

> 「新策略要是以科學用語表達,就是『假設』。執行假設,就相當於『實驗』。當實驗結果出爐後,優秀的經營家就能學習到怎樣會有好結果、怎樣則否,然後修正策略方向。」[6]

6 Rumelt, R., 2011. *Good Strategy, Bad Strategy: The Difference and Why It Matters*, Crown Business.

同樣是個案研究，但學術領域與實務領域的基本設計理念有很大不同（詳見【圖表7-3】）。學術的使命是探究真理，以撰寫論文為目標；實務則是以透過實踐、提高效果為目標。

【圖表7-3】學術領域與實務領域的個案研究差異

	學術領域	實務領域
使命與前提	探索更確實的真實、在學術領域的新發現。	提供迅速的判斷材料。只要能解決或發現公司的問題即可。
調查時限與資料取得	慢慢花時間也無妨，要導出確實的結論。以中立立場蒐集資料。	仍屬假設的結論也無妨，以速度為重。依特定的立場蒐集資料。
調查體制	以累積於學會共同體為前提。使用學會的共通語言。	在企業內部的累積固然重要，但每個時刻的發現更是重要。以個人方式執行策略主題。
知識通用性	通則化動機強烈，以能更廣泛的適用為重。抽象、模糊也可被容許。	有所限制的通則化就足夠。更極端一點，只要能套用在自己公司即可。愈具體、愈明確愈理想。

②要求正確還是速度

學術領域要求的，是探索確切的真實，以及發現學界中尚未發現的嶄新論點。相對的，在實務領域裏，解決或發現自己公司的問題才是最重要任務。這樣的差異，會在具體的調查綱領或方法上產生一些不同。

在學術上，相較於速度，正確性更為重要。不能以不確

實的證據引起「發現黑天鵝了！」的騷動，也不能據此將它寫成論文。即使曠日費時，也要取得強力的證據或邏輯。

相對的，實務界不會為了提高確實性而犧牲時間。由於策略必須執行，所以趕不及執行的調查，即使找到黑天鵝，也沒有意義。

實踐伴隨風險。但有時為了不錯過機會，即使明知得承受一定風險，也必須和時間賽跑。

以下是一段美國國家航空暨太空總署（NASA，National Aeronautics and Space Administration）開發無人月球探查機時的故事。科學家們必須在不知月球表面究竟是什麼狀況的情況下開發這台機器。如果月球表面堆積了大量細塵，探查機可能被埋進裏面。也可能會被夾在大岩石間動彈不得。或者是，也有被尖銳結晶刺穿破損的風險。

通常工程師無法在這樣的情況下開發機器。即使想設計探查機，也不曉得該針對何種威脅去做設計。

這時，NASA的研究所主任菲莉絲・布瓦達（Phyllis Buwalda）做了一個果斷的推測，把月面降落點的地形視為「和美國西南部的砂漠一樣」。也就是「堅硬的地表沒有十五度以上的斜面，雖有小石頭散布，但沒有六十公分以上的岩石」。雖然沒有任何確實證據支持這個推測，但她這麼說：

「地球上的平坦區域大都是這種環境。所以即使是月

球，只要遠離山地，同樣是這種地形的可能性很高[7]。」

　　當時以工程師身分服務於NASA的魯梅特回憶這段往事，認為這樣的推測很有智慧。畢竟，如果要詳查一切可能性，設計根本無法進展。

　　只要想窮盡徹底的正確性，無論任何組織都會變得動彈不得。有時候，某些割捨有其必要。最理想的情況是，用有效率的方式一步步減少風險，同時透過不斷的實踐提高假設的精密度。

③累積於組織內部還是追求個人的發現

　　學術與實務的第三個差異，在於對文體和規矩上的堅持。不知各位是否曾在閱讀學術研究著作時感到很不可思議，覺得「為什麼他們遣詞用句非得這麼艱澀不可」？

　　為何學者們要用艱澀的文體，描述可以說明得簡單易懂的事物？是要刻意用這種方式表現極度專業與高深莫測，還是他們根本欠缺簡單扼要地說明事物的能力？

　　我們當然沒辦法說，上述理由絕對不存在。但是，其中卻有另一種更確實的理由。學術的使命，在於對真理的探索；探索真理光靠單一研究人員之力，終究無法實現。要絲

7　前述著作，Rumelt, R., 2011.

毫不漏地找出所有的黑天鵝，單靠個人獨立完成是不可能的
事情。只有以眾多超越世代的學者結合成的「研究共同體」
去做探索，才有可能接近真理。

　　為了讓超越時空範疇的眾多人士合力投入研究，首先必
須做的就是統一表達方式。如果同樣是A這個概念，在某國
家或地區稱為B，又隨著時代變化改變為C，那就麻煩了。
理想狀況是概念必須萬國共通，且不會隨時間變化。我們必
須以「天鵝」這個詞彙來共享何謂天鵝的概念，也必須理解
定義上它們具有「白色」這個特徵。有眾人都瞭解其定義的
專有名詞，才能讓跨越國家、地區與時代的研究人員彼此理
解溝通，持續累積全人類的研究成果。

　　累積到最後，就是新的發現。事實上，察覺到新發現而
要表達它之際，必須用已確立的概念或共通語法去描述說
明。不這麼做，就無法突顯該發現。這是一種矛盾的悖論，
「當一切都新，就難以判別何為新穎」。所謂的「新」，就
是扣除之前既有的事物後「多出來的部分」（也就是不同之
處）。為了突顯它比之前既有事物「多出來的部分」，使用
過去已用慣普遍概念，較為方便。

　　此外，要獲得共同體的研究夥伴認可，也必須以規定的
程序進行調查。有一些學術的規矩是用來「做出正確的推
論」，另也有一些是用在「讓研究夥伴認同其適當性」。對
相同資料進行相同分析會得到相同結果的這種「信任性」，

在科學上非常重要。

學術共同體彷彿一種追求新發現的競技者集團。不是只要自己一個人滿意就行，還必須讓共同體的研究夥伴認可那個新發現。因此，必須依循既有的文體及規矩，讓研究夥伴也心服口服。

然而，實務界人士卻不見得得遵照這些規矩，實務界的目的也不是為了在調查結果中找到新發現，而是為了實踐那個調查結果，透過成果產生出價值。

因此在實務界裏，「把新發現傳達給其他某些人」並不是一個值得最優先考慮的問題。首先重要的是，找出「對自己而言的發現」，用「自己的語言」去理解。只要發現「對自己而言的黑天鵝」，就已足夠。只要當事人能由意外的發現中導出新假設，即使不對其他人說明也無妨。重要的反倒是將它運用於實踐，以提供價值的方式，表現給外部顧客或交易往來對象。

④可普遍適用的抽象命題還是只適用於企業內部的具體綱領

第四個差異，是雙方對「通則化」的想法不同。學術研究領域認為，單一命題愈是能普遍適用於愈廣的範圍，就愈有價值。「天鵝是白色的」，就是一種像這樣的典型。

相對來說，在實務世界裏，愈能以具體綱領呈現的東西

則愈受好評。即使只能在有限的範圍中成立，只要對自己有用，愈具體愈理想。只要能說「日本的天鵝是白色的」，就十分足夠。

舉例來說，讓我們來思考一下，「打招呼很重要」這個日常生活命題。這個命題無論在哪個地區，都應該能套用在一般社會中。就連動物都會對對方展現自己無敵意的溝通行為，大家都知道打招呼很重要。

但若提到如何打招呼才有效果，就依地區而異了。然後大概也依場合或親密度而異。「總之，打個招呼就可以」這種建議，對於實踐沒有太大幫助。是要握手好、鞠躬好或揮手好？可能性有很多。

聽說非洲中東部有些地區的打招呼方式，是在對方手上吐口水。據聞這是因為他們相信口水有驅魔的效果，用這種方式打招呼，可為對方招來幸運。但是，如果在歐美或日本用這種方式打招呼，肯定會招致完全不同的反應吧。畢竟以打招呼而言，其他地方的人們會覺得這是一種「不可能」的打招呼方式。

像這樣，在某些特定條件下最適當的行為，有時卻無法套用在其他條件下。

學術領域裏認為，相較於只能在特定條件下成立的命題，能夠普遍成立的命題有較高價值。但能夠普遍成立的命題，卻像「打招呼很重要」般，往往有容易流於抽象，而且

是理所當然之概念的傾向。

也因為如此，學術領域裏也開始出現一些聲音，主張應該認同只能在特定條件或範圍下成立的命題之價值。這稱為**有所限制的通則化**（limited generalization，又稱有條件的一般化）。

在政治學、行政學等應用研究領域裏，甚至有看法認為相較於抽象命題，有所限制的通則化命題更有用處。亞歷山大·喬治（Alexander L. George）與安德魯·班奈特（Andrew Bennett）在其著作中表示，「未提出特定條件的理論，也無法為找尋政策線索的人呈現具體的綱領[8]。」

那麼，限制條件要加到多詳細才好？

以附條件下成立的命題而言，條件愈狹隘，命題就會愈受限制。像「現今的時代」「自己的國家或地區」「自己的公司或組織」「自己的部門或團隊」等，有許多只在該範圍內才會成立的命題。這些站在科學的角度，可能不具備什麼價值。

但站在實務界的立場，有時反而那種資料的價值更高。因為可適用的範圍愈是狹窄，內容就會愈具體。

為了透過實踐產生價值，需要的是在當下的時點、當下

---

8 Alexander L. George, A. L., & Bennett A., 2005. *Case Studies and Theory Development in the Social Sciences*. The MIT Press.

的場面、當下的狀況下採取最有效行動的判斷材料。這非常
理所當然。對透過實踐產生價值的實務界人士而言，限定範
圍的具體綱領，才有助益。

連學會都相形失色的公文式教學
（KUMON）運作模式

　　最後讓我以一個例子介紹如何在企業組織的實踐中，找出前述的「堅持」與「割捨」。那個例子，就是公文式教育（KUMON，Kumon Institute of Education）（編按：公文式教育由數學研究家公文公〔Toru KUMON，一九一四～一九九五年〕於一九五四年創立，是一套有系統的教材，適合不同程度者學習，透過教材貫徹理念，每一級教材都有標準完成時間，適合安排個別的學習計畫。）的案例。

　　KUMON採用的並不是像一般補習班「在課堂上課學習」的教育方式，而是讓孩子們「自學自習」。然後它用「從兒童身上學習」的態度，頻繁地在全世界進行個案研究，把對每個孩子的指導視為個案，不斷持續研究。

　　也因為重視現場，所以KUMON相當盛行個案研究。只要一有機會，就會親自拜訪採用獨特指導法的老師，參觀教室，針對指導方法觀察眾多個案。由於每位老師都持續這個作業數年，等於是做了非常大量的個案研究。

　　難以直接觀察現場之際，就用錄影方式。雖說渴望觀察指導現場，但無法如願的情況也不少。

　　其中一項善用錄影的活動，是KUMON的「小組講座」活動。內容是以某間教室的學生為個案，介紹給某個小組。

　　銀幕上播映出答案紙和鉛筆的動作，能看到小朋友解題的狀況。突然，原本動得很規律的鉛筆停了下來，有地方寫錯了。然後在一陣躊躇後改變回答，寫出了正確的答案。

　　小組的每位老師們，都極認真地盯著畫面，然後，對學生的一舉一動做出評論。「啊，原來會錯在這裏。」「如果是我，就在這裏給他一點提示。」畫面中的小朋友答錯答案時，某位老師這麼說。活動由負責引導（facilitate）的職員，巧妙地引領這些意見交流。

　　KUMON傾全公司之力的研究裏，有不少令人驚奇的做法。像是KUMON裏有所謂的「自主研究會」，這是為了追求KUMON式指導應有的做法及未來的可能性，由各教室的老師們主動提出主題研究的組織。自主研究會的研究成果會在每年一次的「指導者研究大會」發表，廣由全國所知。

　　自主研究會相當於學術界裏學會中的「研討會」，指導者研究大會則等同於學會裏的「全國大會」。參與同仁的投入認真程度和熱烈議論程度，甚至凌駕一般的社會科學學會。我實際參觀後也大吃一驚，因為大型研究發表會是在可容納約三百人的教室舉辦，整個場地座無虛席。

　　小組討論的過程也非常熱烈，台上則坐著資深教師。

　　問與答時，發生了這樣一件事。因為提出的問題較為特殊，發表者沒有人能回答。但台上的教師則問台下聽眾：「到目前為止，我們還沒接觸過這樣的個案；」「目前在場

的老師們，一定知道一些足供參考的個案。有人能提供一些意見做為協助嗎？」

結果，有十多位老師舉手，開始一位接著一位解釋個案。

「真是了不起！」當我和研究生們都感到很興奮，對KUMON本部的事務局職員這麼表示時，他們若無其事地回答：「這種情況常發生喔！」雖然不至於每次都出現，但絕不是罕見的情況。

還有另一件事也讓人驚奇。這個指導者研究大會裏，會由來自全國各地（包括海外）的老師，以每五至六人成為一個小組，進行議論。雖然組員幾乎都是首度見面，但一瞬間就能破冰，進行深入的討論。這在社會科學學會裏，是件不可能的事。在KUMON的小組討論裏，不是只停留在表面或抽象的議論，而是提出實際上遇到的困難，並獲得具體解決該問題的方案。

像是剛開設教室的年輕老師把「我那裏的孩子在D106教材碰到瓶頸」這個問題提出來討論後，其他老師在一瞬間就建立「那個地方如果不用筆寫下三位數除以二位數的除式進行筆算，就很難解那個問題」的共識，提出「只要這樣然後那樣就可以」的建議。據事務局職員表示，這是司空見慣的事。

支撐起KUMON共同體理論的共通語言

KUMON這個企業共同體，之所以能做出連學會（意指純學術研究）都相形失色的個案研究，正是因為擁有共通的價值觀、目的和語言。

其中尤其重要的，應該是做為共通語言基礎的教材。KUMON透過對教材的使用與理解，讓自己的理念滲透進每位成員中。

KUMON在教材上下了許多工夫，讓小朋友能自學自習地學習。像是算數與數學這一科，就分成6A到V總共二十八個階段（二〇一四年），各階段由二百多套教材組成，基本上採全世界共通的標準化模式。也正由於所有教師都徹底理解整個教材體系，才能在聽到「D106教材」的瞬間，把使用該教材的整個典型背景脈絡都浮現在腦海裏，而不是只記得教材內容。

社會科學的學會共同體中，也可能發生同樣情況。由於大家都理解專有名詞，只要是相同專業領域，即使初次見面，也多少能相互議論。但我認為，KUMON的水準還更凌駕社會科學學會之上。多數社會科學領域的學會組織（尤其是管理學領域），由於專業劃分太細，每位研究人員能涉獵的範圍有限，而有些概念的定義，也依「學派」（擁有共同理念與方法的群體）有細微差別。因此，即使相互議論，有

時浮現雙方腦中的內容卻彼此相異。

　　為了避免這樣的歧異，必須以某種方式，統一控制用語的定義或公認的調查方法。KUMON自創業起耗費五十數年光陰，做的就是這件事情。

　　「我們的遣詞用句比較特殊，真是抱歉。」KUMON的員工或老師們，常在訪談調查時這麼說。但這並非壞事。我反倒覺得，這是個了不起的優點。

　　有幾個理由想說明。首先，因為像這樣的企業內部用語，是由內部人在日常實踐中自然發源。有這樣的用語，就能在實踐的同時確認理念，並且真正地理解理念。

　　其次，企業內部用語是由內部人在眾人皆無異議的情況下貼標定義而形成，所以不會有人誤解它的意義，或發生被別人的用語牽著走的狀況。即使經過漫長時間，也能隨著那特別的文體，正確理解該執行的實踐內容。

　　第三，因為有前二項理由存在，所以未來可望也能對自己的實踐有所幫助。

　　這雖是我的印象，但我感到愈會被當時的世間常用關鍵字牽著走的企業，做的事情愈缺乏前後一致性。而愈是優良的企業，則愈是會使用源自實踐的獨特用語表達。

　　我認為，沒有必要特地納入外部學術研究人員或管理顧問使用的用語，反而打亂內部人的語言。當然，納入外部想法有其必要，但即使是這種情況，也只要把外部思維在自己

內部消化後，隨著實踐，將它慢慢轉換為自己的語言即可。

　　哲學家邁克・波蘭尼（Michael Polanyi）曾說過一句名言：「人類知道的，遠比他說出來的還多。」我們在KUMON的研究活動裏就可看到，小組討論裏，浮現出只有在現實情況下才會被活化的內隱知識。

結語

　　這本書，是誕生於筆者任教的早稻田大學「特別研究期間制度」下的產物。由於商學院教授們的好意，我能在美國賓州大學度過二年資深研究員生活。那段期間經歷的點點滴滴，促使我執筆寫下本書。

　　　「日本的個案研究和美國的個案研究相較，差異很大啊。」

　　說來慚愧，當我還在日本，身處日籍研究人員中，隨意翻閱美國的學會論文時，並沒有特別意識到這件事。雖有隱約感到「不同」，但或許並沒有真正瞭解箇中差異。實在很不可思議，但同一篇論文在美國當地讀起來，會看到不同的面向。

　　簡而言之，以美國管理學會為代表的美國式研究，讓人感到他們把管理學視為更純粹的科學，並且用這種角度，探究這領域的知識。

　　雖然程度有別，但日本的個案研究具有「強調企業名稱以吸引讀者」的趨勢。日本式的個案多寫成故事，讓人感到

身歷其境、活靈活現的感覺（美國也有《哈佛商業評論》針對實務界人士進行這種類型的個案研究）。

相對而言，美國管理學會的個案研究，則聚焦於「現象」吸引人之處。企業名稱都以匿名方式處理。不在意企業實體，堅持貫徹於現象本身饒富的趣味。然後，賦予個案「建構理論」的明確方向，以純粹的形態，追求能夠從其中導出的理論啟示。因此，一則則個案都被視為樣本，讓人略感無趣。尤其在比較分析複數個案之際，每則個案都被視為「實驗」看待。

但也許正因為如此，才能夠突顯埋藏在個案脈絡裏的因果關係。美國管理學會的個案研究非常系統化，尤其在進入二十一世紀以後，甚至讓人有「個案研究的標準就此定調」的感覺。

我強烈感受到，日本的學會也應該朝著美國管理學會式的學術型個案研究方向前進，不能只進行《哈佛商業評論》式的個案研究。

原因之一，在於如果要把研究成果展示給全世界，就必須依照世界標準做法進行。這一點，理所當然，無需多言。

原因之二，是美國管理學會式的個案研究，能對商業實務有所幫助。不是單純的主觀或成見，而是經過特定系統性步驟導出來的假設，在做為實務綱領上，也相當有用。

以這角度觀之，我發覺凡是優秀的商業界實務人士，即

使在無意識間，也徹底實踐個案研究的模式。

　　活躍的實務界人士，都擁有自己獨特的「工作模式」。雖然不見得所有人都意識到這件事，但把自己的工作風格寫成書，讓全世界知道的人也不少。

　　工作模式包含許多層面，包括心得、作風等精神面的部分，以及調查方法或商業實務等接近祕訣的部分，應有盡有。

　　卓越實踐家的調查方法，本質與學術方法有相通之處。像是倉田學的模式就與第四章介紹的學術風格相符。創業投資家的比較法正是第五章所介紹的「一致法」。這麼說也許理所當然，但正由於學會使用扎實的方法，工作成果才因此提高。

　　也有不少企業在組織裏推動關於這種學術方法的概念。最後介紹的KUMON，也是這樣的企業之一。該公司職員共享同一個基本理念，以標準化的教材做為共通語言。正因如此，才能全公司團結一致，以「向學生學習」的態度進行個案研究。

論點方法

　　各位是否聽過「論點方法」一詞[1]？所謂論點，一言以蔽之，就是指「用實踐者的用語表達的實踐理論」。以經營的世界而言，像是就與經營者以什麼為前提（公設）、用什麼當邏輯思考（命題）相關。那是經營者為了統一說明及預測事物的系統化實踐知識。

　　我們認為，站在理解經營現象、建構管理學理論的角度，實踐者理解這樣的概念也相當重要。像是在雅瑪多運輸成立宅急便事業的小倉昌男，就在《送到家門口的經營學：宅急便之父小倉昌男「服務先於利益」的經營DNA》（譯注：原書名《小倉昌男経営学》，繁中版二〇一五年由寶鼎出版）中，以邏輯且系統化的方式，推展他自己的論點。像這樣的管理學**論點**，與學術上的管理學**理論**有相通之處。書中內容表達豐富，又獲得實際成果驗證，是一本極富啟發性的書籍。

　　追本溯源，無論被尊為科學管理之父的弗雷德里克・泰勒（Frederick Winslow Taylor），或是組織論的巨匠切斯特・巴納德（Chester Barnard），其實都是實務界人士。他

1　金井壽宏《領導入門》（暫譯，原書名『リーダーシップ入門』），
　　日經文庫，二〇〇五年

們的情況可說是推展實踐中提煉出來的理論，最後成為經營
管理理論的經典。這也表示，理論並不是專屬於專家學者，
實踐者也有實踐者的理論。

　　日本甚早便著眼於此的學者，是神戶大學的名譽教授加
護野忠男。他在著作《組織認識論》裏有這麼一段描述：

　　　　實務界人士裏，像是亨利‧福特（Henry
　　Ford）、安德魯‧卡內基（Andrew Carnegie）、艾
　　爾弗雷德‧史隆（Alfred Pritchard Sloan, Jr.）、恩
　　斯特‧阿貝（Ernst Karl Abbe）、松下幸之助等偉
　　大企業家、經營者的思想及概念，逐一被管理學者
　　提及。但那些多只不過是在論及他們的成就時順便
　　提起，少有人把他們的「思維」視為理論研究。他
　　們的理論與思想，只不過被視為經營史、經濟史中
　　的「一幕」罷了。

　　　　而依據自己的理論從事經營的，不是只有這些
　　偉大的企業家，還有許多無名的企業家、經營者，
　　也依自己的理論經營企業，在每天的實際營運中，
　　形成自己的管理學。如今在我們周遭實際推動組織
　　的每個人，也都分別擁有各自的管理學。那樣的管

理學非常多元，也隨時代不斷變化[2]。

　　所謂的論點，指的是不使用學術專有名詞，而是用日常用語表達的各種命題體系。由於通常是基於經驗推導而出、運用於實踐用途的概念，因此，雖然適用於自己的世界，卻不見得能套用到任何其他領域。它的通則化程度雖不及學術理論，但源自經營最前線的論點會成為新學術理論的靈感，也是確實的事。

　　每一位實踐家、每個組織，都會依自己的調查方法，建立自己的命題，透過實踐進行驗證。萬一驗證結果差強人意，就會在有下一個機會之際，進行下一次調查，藉以修正命題。有時候，因此獲得推翻過去業界常識的發現，開發劃時代的產品，或創造全新的事業。

　　本書的目的，是希望協助並引領商業實務現場的個人與組織，更深入思考「調查的論點」。希望能對目前投身實務界的人士，提供重新思考平常不甚注意的「調查方法」的機會。希望讓肩負起未來工作的年輕一代們，學習到如何導出顛覆通論的假設。

　　個案研究是一種不只在學術研究領域，在實務領域也相

2　加護野忠男《組織認識論》，千倉書房，一九八八年，頁九

當有用的靈活調查方法。我認為「在現場發現出乎意料的事實」這種經驗，對每個人都很重要，因為它會帶來新的創思，更提升每個人各自的「調查論點」。但願本書能成為各位做出優異調查的契機，感受學習學術思維的意義，朝向形成自己的論點更往前邁進。

致謝

　　我在撰寫本書的過程中，受到各界人士的大力支援與諸多協助。

　　任教於賓州大學華頓商學院的吉坦德拉・辛哈（Prof. Jitendra Singh）給了我溫暖的鼓勵，在我和家人在當地生活遇到超乎預期的困難而造成研究遲遲無法進展時，給了筆者溫柔的守護。策略理論權威、同時也是華頓商學院代表教授之一的尼可拉吉・席格高教授（Prof. Nicolaj Siggelkow），傳授給我個案研究的重要性。感謝俄亥俄州立大學的歐迪德・申卡（Oded Shenkar）教授，因為出版《偷學》（Copycats，繁體中文版二〇一一年由大是文化出版）日文版，而與他合作個案研究。

　　活躍於海外的日本研究人員，也提供我許多關於海外學會的詳細資訊。關於美國學會的詳細狀況，是由時任紐約州立大學的入山章榮副教授（編按：目前任教於早稻田大學，著有《現在，頂尖商學院教授都在想什麼？》，繁體中文版由經濟新潮社出版）傳授，他撥冗過目本書部分草稿，提供深具啟發的建議。此外，亞特蘭大的策略管理學會（Strategic Management Society）協助我有機會向康乃狄克大學博士山野井順一（編

按：目前任教早稻田大學）請益，針對本書基本概念，他給我許多鼓勵的意見。英國劍橋大學博士稻葉祐之在百忙之中審閱本書初稿，以學術觀點提出令人獲益良多的見解。

在行銷論點方法領域擁有優秀研究成果的谷地弘安，在審閱本書初稿後，為筆者指出連我本身都未發覺的重點。

若本書內容有任何未能充分反映指正的部分，筆者將於未來的研究或執筆中，更加努力精進。

BUSINESS BANK GROUP的總裁濱口隆則，協助我對腦中「作者真正想傳達的究竟是什麼」，做了一次整理。

早稻田大學商學研究所的研究生們，也提供關於本書企劃及內容的許多實用意見。他們與我用Skype串連起東京與費城，召開「個案研究研究會」，輪流閱讀主要學會的最佳論文獎及常被引用的研究。與研究會成員永山晉（井上達彥研究室）、伊藤泰生（坂野友昭研究室）、小澤和彥（藤田誠研究室）、佐佐木博之（坂野友昭研究室），與筆者展開熱烈的討論。

從本書的概念形成到出版，包括對「最佳論文獎」建立價值在內，日經BP社的長崎隆司提供許多切中要點的建議。

讓我藉此機會，對各位表達謝忱。

最後，筆者在國外研究期間，家人一直以來給予支持，在此向家人至上最深的謝意。

二〇一四年六月

井上達彥

延伸閱讀

 《美國管理學會期刊》最佳論文獎（*Academy of Management Journal* Best Article Award）

二○○○年之後的最佳論文獎得獎作品一覽
（◎表示個案研究，●表示結合個案研究與定量研究；二○○五年有兩篇論文並列最佳論文獎。）

Seibert S. E., Kraimer, M. L., & Liden, R. C., 2001. A social capital theory of career success. *Academy of Management Journal*, 44(2): 219-237.

Sherer P. & Lee, K., 2002. Institutional change in large law firms: A resource dependency and institutional perspective. *Academy of Management Journal*, 45(1): 102-119.（●）

Elsbach, K. D., & Kramer, R. M., 2003. Assessing creativity in Hollywood pitch meetings: Evidence for a dual-process model of creativity judgments. *Academy of Management Journal*, 46(3): 283-301.（◎）（詳見本書第四章）

Agarwal, R., Echambadi, R., Franco, A. M., and Sarkar MB, 2004. Knowledge transfer through inheritance: Spin-out generation, development, and survival. *Academy of Management Journal*, 47(4): 501-522.

Ferlie, E., Fitzgerald, L., Wood, M., and Hawkins, C. 2005. The nonspread of innovations: The mediating role of professionals. *Academy of Management Journal*, 48(1): 117-134.（◎）（詳見本書第五章）

Gilbert, C. G., 2005. Unbundling the structure of inertia: Resource versus routine rigidity. *Academy of Management Journal*, 48 (5): 741-763.（◎）（詳見本書第三章）

Greenwood, R., & Suddaby, R., 2006. Institutional entrepreneurship in mature fields: The big five accounting firms. *Academy of Management Journal*, 49(1): 27-48.（◎）

Plowman, D. A., Baker, L. T., Beck, T. E., Kulkarni, M., Solansky, S. T. & Travis D. V., 2007. Radical change accidentally: The emergence and amplification of small change. *Academy of Management Journal*, 50 (3): 515-543.（◎）（詳見本書第二章）

Barnett, M. L., & King A. A., 2008. Good fences make good neighbors: A longitudinal analysis of an industry self-regulatory institution. *Academy of Management Journal*, 51(6): 1150-1170.

Graebner, M. E., 2009. Caveat venditor: Trust asymmetries in acquisitions of entrepreneurial firms. *Academy of Management Journal*, 52 (3): 435-472.（◎）（詳見本書第六章）

Hekman, D., R., Aquino, K., Owens, B. P., Mitchell, T. R., Schilpzand, P., & Leavitt, K., 2010. An examination of whether and how racial and gender biases influence customer satisfaction. *Academy of Management Journal*, 53 (2): 238-264.

Detert, J. R., & Edmondson, A. C., 2011. Implicit voice theories: Taken-for-granted rules of self-censorship at work. *Academy of Management Journal*, 54 (3): 461-488.（●）

Smets, M., Morris T., & Greenwood, R., 2012. From practice to field: A multilevel model of practice-driven institutional change.*Academy of Management Journal*, 55 (4): 877-904.（◎）

日本組織學會最佳論文獎得獎作品

日本國內的學會也有相當於最佳論文獎的「學會獎」。以下列出「組織學會高宮獎」得獎論文中,在二〇〇〇年之後以個案研究得獎的作品一覽,一般人也很容易能透過網路(網路書店 booknest)取得。

橫山惠子,二〇〇一年,〈非營利組織的企業協作與企業的社會貢獻之新進展:以 Geo Search公司的協作型夥伴關係為例〉(暫譯,原名〈NPO設立による企業間協働と企業社会貢献の新展開:ジオ・サーチ社を中心とした協働型パートナーシップ〉),《組織科學》(原名『組織科学』,下同)Vol.34 No.4: 67-84

島本實,二〇〇一年,〈資源集中的縫隙:精密陶瓷產業的行為系統記述〉(暫譯,原名〈資源の集中による間隙:ファインセラミック産業の行為システム記述〉),《組織科學》Vol.34 No.4: 53-66

輕部大,二〇〇一年,〈日美ＨＰＣ產業二種性能進化:企業資源累積與競爭環境的相互依賴關係對於性能進化的影響〉(暫譯,原名〈日米ＨＰＣ產業における２つの性能進化:企業の資源蓄積と競争環境との相互依存関係が性能進化に与える影響〉),《組織科學》Vol.35 No.2: 95-113

堀川裕司,二〇〇三年,〈技術的雙重性:CMP裝置產業相關的量測與評量技術的意義〉(暫譯,原名〈技術の二重性:CMP裝置產業における計測・評価技術の意味〉),《組織科學》Vol.37 No.2: 62-74

高永才,二〇〇六年,〈技術知識累積的兩難:溫度補償型石英振盪器市場的製品開發過程分析〉(暫譯,原名〈技術知識蓄積のジレンマ:溫度補償型水晶発振器市場の製品開発過程における分析〉),《組織科學》Vol.40 No.2: 62-73

加藤厚海,二〇〇六年,〈產業園區同業間交易網的功能與形成過程:東大阪模具產業的個案研究〉(暫譯,原名〈業集積における仲間型取引ネットワークの機能と形成プロセス:東大阪地域の金型産業の事例研究〉),《組織科學》Vol.39 No.4: 56-68

田中英式，二〇一〇年，〈產業園區內網絡機制：岡山牛仔褲產業園區的個案研究〉（暫譯，原名〈産業集積内ネットワークのメカニズム—岡山ジーンズ産業集積のケース〉），《組織科學》Vol.43 No.4: 73-86

松本陽一，二〇一一年，〈創新的資源動員與技術進化：KANEKA太陽能電池事業的個案研究〉（暫譯，原名〈イノベーションの資源動員と技術進化：カネカの太陽電池事業の事例〉《組織科學》Vol.44 No.3: 70-86

坪山雄樹，二〇一一年，〈組織內部政治與誤解：國鐵改造計畫的個案研究〉（暫譯，原名〈組織ファサードをめぐる組織内政治と誤解：国鉄再建計画を事例として〉），《組織科學》Vol.44 No.3: 87-106

了解全球管理學的書籍

深入淺出解說管理學基礎知識，不只是新世代的研究人員，也希望年輕工作者閱讀的書籍。

入山章榮，《現在，頂尖商學院教授都在想什麼？：你不知道的管理學現況與真相》（原書『世界の経営学者はいま何を考えているのか　知られざるビジネスの知のフロンティア』，英治出版，二〇一二年），繁中版二〇一四年由經濟新潮社出版。
【簡介】聚焦於「世界管理學」的先驅書籍。以簡明易讀的文筆，解說不見得受到日本管理學會關注的主要概念。

佛里克‧威爾繆倫（Freek Vermeulen），《商業世界的赤裸真相》（暫譯，原書名*Business Exposed: The Naked Truth About What Really Goes on in the World of Business*，二〇一〇年，Financial Times）（日文版『ヤバい経営学　世界のビジネスで行われている不都合な真実』東洋経済新報社，二〇一三年）
【簡介】試著解開以學術角度觀察，那些人們視為「理所當然」遵循的各種管理常識是否真有意義的書籍。有興趣打開管理學「潘朵拉盒子」的讀者，請務必一讀。

琴坂將廣，《跨領域的管理學》（暫譯，原書名『領域を超える経営学　グローバル経営の本質を「知の系譜」で読み解く』，Diamond社，二〇一四年）
【簡介】超越傳統框架，以國際經營為中心廣泛解說相關主題，是一本值得一讀的優良書籍。內容包含引導實務界人士以更寬廣的視野，思考世界市場長期策略的實用知識。

解說個案研究的書籍與論文

以下推薦給有意進行真正個案研究的讀者閱讀的文獻，也一併列出可在網站免費取得的論文。

田村正紀，《研究設計：經營知識創造的基本技術》（暫譯，原書名『リサーチ・デザイン　経営知識創造の基本技術』，白桃書房，二〇〇六年）

沼上幹，《行為管理學》（暫譯，原書名《行為の経営学：経営学における意図せざる結果の探究》，二〇〇〇年，白桃書房）

佐藤秀典，〈個案研究有何魅力？〉（暫譯，原文名〈ケース・スタディの魅力はどこに？〉，経営学輪講Eisenhardt（1989）），原刊於《赤門管理評論》（暫譯，原名『赤門マネジメントレビュー』，第八卷第十一號，二〇〇九年。

橫澤公道、邊成祐、向井悠一朗，〈個案研究的方法論〉（暫譯，原文名〈ケース・スタディ方法論：どのアプローチを選ぶか〉），経営学輪講 Glaser and Strauss（1967），Yin（應國瑞）（1984），Eisenhardt（1989a）の比較分析，原刊於《赤門管理評論》（暫譯，原名『赤門マネジメントレビュー』），第十二卷第一號，二〇〇三年。

個案研究的推薦書單

推薦的個案研究著作：全球有許多優異的個案研究的書籍，以下書單列出較易讀的
介紹給讀者。

克雷頓・克里斯汀生 （Clayton M. Christensen），《創新的兩難》（*The
Innovator's Dilemma: The Revolutionary Book That Will Change the Way You Do
Business*，HarperBusiness，二〇一一年新版），舊版繁中版二〇〇六年由商周出
版。
【簡介】美國管理學會類型的個案研究。以複數自然實驗法驗證一個邏輯，可說與
本書介紹的「重複實驗的邏輯」研究方式相同。

榊原清則，《創新的收益化：技術經營的課題與分析》（暫譯，原書名『イノベー
ションの収益化：技術経営の課題と分析』，二〇〇五年，有斐閣）
【簡介】究竟該如何轉變成收益？本書搭配重要論點，介紹數則引人入勝的個案。
尤其內容充滿高度的選擇慧眼與巧妙對照，無論閱讀幾次，都有新的啟發。

楠木建，《策略就像一本故事書：為什麼策略會議都沒有人在報告策略？》（繁中
版，中國生產力中心，二〇一三年。原書名『ストーリーとしての競争戦略：優れ
た戦略の条件』，東洋經濟新報社，二〇一〇年）本書曾榮獲二〇一一年日本商管
書大獎。
【簡介】眾所周知的學術入門書，看似帶有強烈的商管書色彩，實際上與《創新的
兩難》相同，都屬於美國管理學會類型的個案研究。

武石彰、青島矢一、輕部大，《創新的原因：動員資源的創造性正當化》（暫譯，
原書名『イノベーションの理由：資源動員の創造的正当化』，二〇一二年，有斐
閣。）榮獲第五十五屆日經經濟圖書文化獎
【簡介】年輕研究人員可做為個案研究經典，納入大量包括美國管理學會在內的全
球做法。內容充滿如何獲得在企業內部推動革新必須之資源的啟示，值得一讀。

井上達彥，《創新第一課：模仿》（繁中版，二〇一三年，臉譜出版。原書『模倣
の経営学：偉大なる会社はマネから生まれる』，二〇一二年，日經BP社）
【簡介】聚焦於「即使是其他公司無法模仿的業務，也是由模仿其他公司（模範教
材或反面教材）而來」的一本著作。本書把該命題以「典型個案」的方式呈現。

鈴木龍太，《職場管理》（暫譯，原書名『関わりあう職場のマネジメント』，二〇一三年，有斐閣），本書榮獲第五十六屆日經經濟圖書文化獎
【簡介】不是純粹的個案研究，而是結合問卷調查的混合研究法。書中介紹玉之井醋（Tamanoi Vinegar Corporation）的案例，是理想職場的經典個案。

小川進，《使用者創新》（暫譯，原書名『ユーザーイノベーション　消費者から始まるものづくりの未来』，二〇一三年，東洋經濟新報社）
【簡介】一般而言，人們多認為所謂的「革新」，是由位居上游的供應商所發起。但該著作透過數則「先鋒個案」，提出以使用者為起點的另一種革新過程，顛覆了這個「通論」。

根來龍之，《新創事業的邏輯》（暫譯，原書名『事業創造のロジック：ダントツのビジネスを発想する』），二〇一四年，日經BP社）
【簡介】推翻業界常識的商業行動裏，究竟埋藏著什麼樣的邏輯？該書搭配「典型個案」解說該邏輯，提出設計商業行動之際的「思考模式」。

圖表索引

國家圖書館出版品預行編目資料

黑天鵝經營學：顛覆常識,破解商業世界的異常成
功個案 / 井上達彥著；梁世英譯.
　-- 二版. -- 臺北市：經濟新潮社出版：家庭傳媒
城邦分公司發行, 2017.05
　　面；　公分. -- (經營管理；137)
　ISBN 978-986-94410-3-2(平裝)

　1.企業管理 2.創造性思考 3.個案研究

494.1　　　　　　　　　　　　　　106004961